普通高等教育土建学科专业“十二五”规划教材
A+U高校建筑学与城市规划专业教材

建筑色彩学

（第二版）

主　编　陈飞虎
副主编　彭　鹏

中国建筑工业出版社

图书在版编目（CIP）数据

建筑色彩学/陈飞虎主编. —2版. —北京：中国建筑工业出版社，2014.3（2020.12重印）
普通高等教育土建学科专业“十二五”规划教材
A+U高校建筑学与城市规划专业教材
ISBN 978-7-112-16217-8

Ⅰ.①建… Ⅱ.①陈… Ⅲ.①建筑色彩－高等学校－教材
Ⅳ.①TU115

中国版本图书馆CIP数据核字（2014）第119180号

本书从中外建筑色彩的发展史出发，对建筑色彩的基本理论以及自然色彩系统检测方法进行了具体阐述。并且，对建筑色彩的文化层面进行了较为系统的分析。最后，本书就如何在建筑设计及环境设计的各个方面如何利用色彩来塑造空间、表达精神、传递文化作了全面的论述。本书是建筑学专业、城市规划专业、环境艺术专业的实用教材，也可供建筑设计师、规划设计师、环境设计师、景观设计师作为参考资料。

责任编辑：陈　桦　杨　琪
责任设计：董建平
责任校对：李美娜　刘梦然

普通高等教育土建学科专业“十二五”规划教材
A+U高校建筑学与城市规划专业教材
建筑色彩学（第二版）
主　编　陈飞虎
副主编　彭　鹏
*
中国建筑工业出版社出版、发行（北京西郊百万庄）
各地新华书店、建筑书店经销
北京锋尚制版有限公司制版
临西县阅读时光印刷有限公司印刷
*
开本：787×1092毫米　1/16　印张：7½　字数：170千字
2014年8月第二版　2020年12月第八次印刷
定价：42.00元
ISBN 978-7-112-16217-8
（24975）

本书编委会

序

每走到一个城市，最先显现在眼前的便是这个城市的色彩，色彩最先给了我们这个城市的文化信号。与其说，我们用肉眼看到了这个物质世界，看到了丰富多彩的各种物质形态，倒不如说，我们是看到了这个世界的色彩，因为任何形态是依赖于色彩而呈现的。色彩对于我们何等重要！我们每天都在色彩中度过：推开窗户，我们便见到蓝天绿水；走进酒店、商场，会发现它们有不同的企业色彩；购买服装、汽车与家电，首先注意的是这些商品是什么颜色；城市的十字路口，控制交通规范行驶的是红、绿、黄灯；路人询问方向，我们常说：“朝那红房子走去”；即使在精神打量和心理测试的场合，我们也有所谓“察言观色”之说……

对于建筑设计和环境设计，色彩就更显重要了。许多人都有过这种感想：一幢建筑，如果色彩很糟糕，我们不愿意看它，更不愿意使用它；一座城市，如果色彩杂乱无章，其文化地位就在我们心中下降。谁也没有想到，人类是如此在意色彩带给他们的种种情绪。西方有这样的色彩实例：有个工厂，工人上班精力分散，经济效益连年亏损，查找原因，最后落实是车间的室内色彩出了问题。后请环境设计师对工厂的色彩进行了改造，重新涂上符合人们审美心理的色彩，工厂面貌焕然一新。环境变了，工人积极性提高了，工作效率提高了。很快，该工厂的经济效益转亏为盈。还有这样一则实例：西方有座桥，常有人在该桥跳河自杀，长期以来，其由不解。后来，心理学家们分析，这座桥的颜色过分压抑，容易引起人们绝望、惶恐的心理情绪。于是请设计师按照人性化的要求重新对桥的颜色进行调整。之后，在这座桥的自杀现象再也没有发生了。由此看来，色彩给予我们的不仅仅停留在视觉层面，而且也深入了我们的精神世界。

几年前，本书的作者带着对色彩的深刻认识产生了编写这本教材的动机。书中从色彩发展的历史、色彩的基本原理、色彩的检测体系、色彩在建筑设计和环境设计中的应用等多方面的角度，介绍了色彩的基本常识和运用色彩的一些方法。不能说这些知识是绝对正确的，也不能说这些方法就是唯一的。我们要承认这样的事实：无论是理论成果还是实践事实，都在日新月异。今天的真理，明天可能成为谬误。因为人类进入信息时代后，全新风貌的空间环境体现了信息时代的强烈特征。可以证明，现代的设计师比以往任何时代都关注色彩的运用及其产生的效果。近些年，不少色彩理论著作纷纷面世，无论是西方还是东方，对色彩的认识已产生了许多新的观点。如果说19世纪印象主义者首先在绘画上掀起了色彩革命，那么设计师将在21世纪在建筑环境作品中带给世人新的色彩刺激。

本书的作者来自不同的地域以及各自拥有不同的学习和工作经历。但是长期来关注色彩、研究色彩是他们共同的追求，有的作者还在理论界产生了一定的影响。每每大家集合在一起讨论色彩问题时，每个人都变得那么纯真和热情。我们共同的口头禅是："让色彩说话！"或"把对象当作一堆色彩"。其实，不说本书的作者，如果世界每一个人都能以这样纯粹的心情与色彩对话的时候，人人都会感到一种巨大的精神满足!

研究色彩，这是一种状态，一种文化状态！愿这本书带给读者的不仅仅是常识性的概念，而且更重要的是希望带给大家艺术上的熏陶。如果真能这样，我们为这本书付出了努力的所有作者以及给予这本书支持的所有朋友都会感到莫大的欣慰。

目　　录

第1章　建筑色彩发展简史

1.1　外国建筑色彩的发展

春夏秋冬，季节交替，无一不显示着色彩的变化，色彩与自然并存。无论是商品生产、工业产品，还是城市环境、艺术设计、人们的日常生活，无不显示着千变万化的色彩所起的作用，色彩存在于一切物质之中。色彩，使天地之间充满情感，使宇宙万物显得生机勃勃。

1.1.1　原始时期的建筑色彩

人类最初使用颜色，大约始自15～20万年前的冰河时期。当时原始人类的能力十分有限，仅是简单地制造工具及用智谋来与其他动物争夺生存空间。在原始时代的遗址中，考古专家们挖掘出一些涂了红色的骨器遗物，以及同遗物埋在一起的红土。红色是鲜血的颜色，原始人有用红土、黄土涂抹自己的身体和劳动工具的习惯，据专家推测，这种行为可能是对自己威力的崇拜，带有征服自然的意愿。

至旧石器时代，原始人类开始在所居住的洞穴四壁涂抹上颜色或绘制出动物的形象，创造了令世人震撼的洞穴岩画艺术（图1-1～图1-3）。

这些壁画作品所表现的颜色主要是红、黄、褐、黑四种，皆为矿物质颜料。原始人从赤铁矿中提取红色，从黄铁矿中提取黄色，从白垩土中提取白色，从锰矿中提取褐色，从燃烧过的骨头和木头的灰烬中提取黑色，调和均匀后用手指、毛发或羽毛涂抹到岩壁上去。根据专家推测，其调颜色的媒质可能是动物的脂肪。

距今大约18000年以前，山顶洞人已经懂得用饰物装饰自己。考古学家在山顶洞人生活的山洞里发现了用红色染的贝壳和野兽的牙，在遗址中发现了山顶洞人制作的

图1-1　法国拉斯科（Lascaux）洞穴壁画《野牛和人》（公元前2万年）

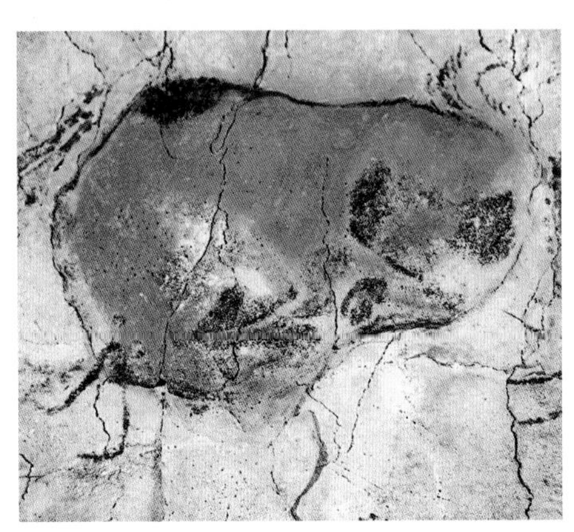

图1-2　西班牙阿尔塔米拉洞窟壁画《受伤的野牛》（公元前1.8万年）

图1-3　阿尔及利亚塔西里岩画《放牧》（公元前3500～前1500年）

项链，这种项链是用色彩各异的石珠、砾石、兽牙、鱼骨和海蚬壳经磨光、钻孔后，再用绳子穿起来制成的，而且还在绳子和装饰品的小孔中染了颜色（图1-4）。这种染料，是山顶洞人将发现的一种红色石块（即赤铁矿），用石器刮磨成粉末制成的。

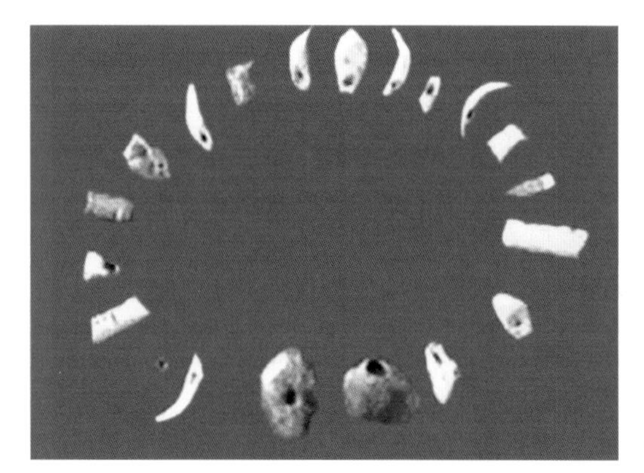

图1-4　山顶洞人色彩各异的装饰品

以上充分说明了人类在原始时期，就已经在生活中用色彩来表达他们的喜怒哀乐，点缀他们的生活环境。

原始社会建筑的色彩，基本上都是建筑材料的原色。随着生产工艺的发展，尤其是制陶、冶炼技术的改进，人们逐渐将制陶、冶炼中所使用的着色材料用于建筑物的梁、柱等构件上，既起到了对这些构件的防护作用，又具有一定的艺术效果。此后，随着社会的发展，各个时代的建筑色彩逐渐丰富起来，并因地理资源、思想意识、文化潮流、建筑形式不同而呈现出差异性。

1.1.2　古代西亚北非的建筑色彩

大约七八千年前，尼罗河畔一带的古埃及人民生活在炎热的阳光下，他们的居住地被荒漠所包围。那里缺少良好的建筑木材，因此，建筑材料以石材、土坯、纸草、黏土为主。宫殿和府邸建筑则在木构的基础上，以砖石或土坯砌墙。为了预防耀眼的阳光，建筑形式上很少开窗，而在室内装修上采用强烈反射光的明亮色彩，如白色、红褐色、褐色、绿色、黄土色，以弥补室内的阴暗。为满足使用的采光要求，墙面再绘制华丽的彩画。普通人家的住宅使用的是建筑材料的本色，纪念性的建筑，包括陵墓和神庙，多用石灰岩和花岗石砌成，建筑材料呈淡黄色。如古埃及法老的陵墓金字塔，体形高大、简洁、庄重，与蓝天白云和浩瀚的沙漠结合在一起，给人强烈的视觉冲击力。

古埃及壁画中所使用的色彩，主要是红色、黄色、白色和黑色，以干画法绘在墙壁上，其色彩均有一定的象征意义。如红色象征生命和恐吓；绿色象征青春、健康、希望、生命、自然、再生、魔力；黄色象征太阳和光明；蓝色象征神圣和天界；褐色、紫色象征大地；白色象征神圣；黑色象征死亡、神秘。在壁画中，男人的皮肤用红赭色描绘；而女人的皮肤则用黄赭色涂抹，如图1–5所示。

图1–5　以红色、黄色、白色和黑色为主的古埃及壁画

相对于古埃及神秘、威严的建筑形式和风格，亚述、古巴比伦及波斯的建筑更趋于自然和人性化。建筑材料以土坯为主。为使土坯墙体免受暴雨的侵蚀，在一些重要部位，人们趁土坯没有完全干燥的时候打进陶钉，陶钉底面涂上红、白、黑三种颜色，并组成各种图案。这种装饰既保护了泥墙，又美化了墙壁。如位于伊拉克首都巴格达东南约300km的穆盖伊尔的苏美尔遗址中，最古老的墙脚残迹上，镶嵌着烧制的圆形锥体，末端涂有各种色彩。

公元前3000多年前，两河流域的人们在生产砖的过程中发明了琉璃。亚述王国时代，出现了烧制彩色釉砖作为建筑装饰的工艺，之后在一些重要的建筑物上大量地使用它贴面，并形成一套完整的做法。这种釉砖色彩华丽，成为两河流域建筑物的一种特有装饰。这种镶嵌艺术在新巴比伦王国时期达到鼎盛。当时的艺术家们用彩釉砖所砌成的各种动物花纹装饰巴比伦城的城门、圣道和宫殿，达到了金碧辉煌的效果。

如图1–6和1–7的古巴比伦城的伊什达尔门，表面为蓝色上釉之砖。它们被预先做成小块，贴面时再拼和起来。图案题材多为动物、植物或其他花饰等。底面大面积采用深蓝色，浮雕则用白色或金黄色，轮廓分明，色彩绮丽，姿态逼真。

图1–6　古巴比伦城伊什达尔门，表面为蓝色上釉砖贴面，图案题材多为动、植物

图1–7　古巴比伦城伊什达尔门上的浮雕壁画

1.1.3　古典时代欧洲的建筑色彩

在古代爱琴海区域所产生的文化叫爱琴文化。爱琴文化最早发源地是克里特岛。克里特文化受埃及文化和两河流域文化影响较大。因此，爱琴海区域的建筑色彩和两河流域有相似之处，建筑材料以土坯和石块为主，外涂红、黄、黑等色。爱琴文化的建筑色彩以克里特岛上的克诺索斯王宫为代表，宫殿墙壁用红砖砌筑，外面用灰浆粉刷，木构件上涂有白、红、黑色，并组成各种图案，鲜丽明快。宫殿内部的墙壁上，绘制着题材广泛的壁画。图1–8所示克里特克诺索斯王宫中的壁画约有3500年的历史，是欧洲最早的建筑室内壁画，它描绘了当时人们的斗牛运动。壁画采用矿物质颜料，色彩以红、白、褐、黑色为主，明亮优雅。

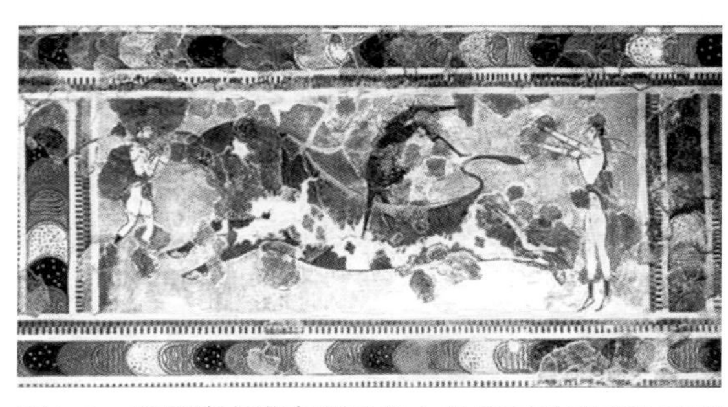

图1–8　克里特克诺索斯王宫中的壁画采用矿物质颜料绘制，色彩以红、白、褐、黑色为主

希腊文化是在爱琴文化为基础的状态下发展而来的，到公元前800年，才逐步丰富起来，并成为西方文明的摇篮和先驱。

古希腊建筑主要以神殿为代表，建筑材料多采用大理石，使建筑富有庄重肃穆的感觉。在檐壁、山花以及柱头上部雕刻着具有鲜艳色彩的图案。建筑柱式主要有三种：一是代表男性美的多立克柱式，柱头上涂有蓝色和红色，给人们一种粗壮挺拔的雄伟气派；二是代表女性美的爱奥尼柱式，修长俊美，柱头刻有蜗旋纹饰，并涂有蓝、红和金色，从而产生优雅俊秀之美；三是科林斯柱式，柱头多用植物叶片花纹装饰，代表着丰收，故多用金色，给人纤巧华丽的感觉。这三种柱式一直沿用至今，成为经典建筑装饰的模式。

多立克柱式最典型的代表建筑是帕提农神庙，又称万神庙。纯白色的柱石群雕上配有红、蓝原色的连续图案，在晴空衬托下，十分鲜艳。

伊瑞克提翁神庙是爱奥尼柱式的代表。该建筑最引人注目的地方是在墙的西端采用了6个2.1m高的端庄优雅的女像做柱子。雕像的色彩多涂在衣着部位，身体裸露的部分则使用由大理石的本色，并涂上油或者蜡，使人物形象在阳光的衬托下显得格外柔艳（图1–9）。

奥林匹亚宙斯神庙是雅典最古老的神殿，据说未毁坏前有104根科林斯式圆柱，用黄金和象牙色的图案修饰。从目前已荒草蔓蔓的残垣中仍然可以想象出当初神庙的壮观。

希腊神殿色彩是希腊人宗教观念的反映，不同的色彩具有不同的象征意义。如红色象征火，青色代表着大地，绿色代表水，紫色象征空气。古希腊建筑色彩饱满，使用颜色的方法与古埃及相类似。但是，古希腊建筑色彩的明度和彩度都高于古埃及建筑的色彩，而且色泽鲜明，对比强烈。

公元前500年，古希腊文化发展到晚期的时候，意大利半岛的古罗马迅速崛起，经过几个世纪的扩张，到公元前30年成为一个庞大的帝国。古罗马不仅仅开辟了一个权力的极限，更创造了一个文明的高峰，其政治、文化、艺术等各个方面在奴隶社会时期均达到顶峰水平。

古罗马主要继承了古希腊的建筑成就，建筑形式多样，色彩却比较单一，且多为建筑材料本色。总之，古罗马建筑色彩主要是大理石和花岗石的灰白色（图1–10）或黄褐色，局部壁画和雕饰多用红、蓝、黄、绿、黑等颜色。

图1–9　伊瑞克提翁神庙的女像柱

1.1.4　中世纪欧洲的建筑色彩

中世纪（公元1～13世纪），由西方基督教出现开始计算，直到文艺复兴产生。

公元1~4世纪，是早期基督教时期。早期基督教的建筑色彩依旧以建筑材料本色为主，朴素单一，且以灰白色或黄褐色为主。

图1–10　白色大理石贴面的罗马提图斯凯旋门

自从公元313年罗马帝国皇帝君士坦丁在位时期宣布基督教为国教，此后基督教会逐渐成为统治阶级的工具，并且逐渐成为西欧最大的宗教教会。建筑所采用的色彩均与宗教有着密切的联系，各自代表着不同的含义。当时人们对色彩的使用有着严格的规定：黑色象征着神秘、死亡和苦难，是教会的代表色，人们参加丧礼和礼拜时均穿着黑色的服饰；金黄色象征太阳、爱情、永恒、威严、智慧和忏悔，代表着主权；蓝色是晴朗天空的颜色，象征着天国和神性，意味着无穷、信念、真实和贞操；白色意味着纯洁和崇高，代表上帝；红色是血液的颜色，用于圣灵降临节；绿色意味着诞生和希望，用于显圣节；紫色，是上帝圣服的颜色，象征至高无上，在世间代表统治阶级，只有上层社会的人才可以使用。

公元395年，东罗马帝国建都拜占庭后，以基督教为中心的文化得到了蓬勃发展，产生了以教堂建筑为特色的拜占庭艺术。色彩比早期基督教时期丰富起来。拜占庭式代表建筑是圣索菲亚大教堂（详见第11章《建筑色彩实例赏析·实例六》）。

到12世纪，仿罗马式建筑在南欧风行起来，样式厚重庄严，这个时期被称作罗马风时期。罗马风时期的建筑色彩延续了古罗马时期的特点，主要为灰、白色，局部增加了黄色。这个时期最显著的特征是产生了具有宗教内容的壁画。壁画所使用的色彩主要有紫色、金色、红色、橄榄色、红褐色、蓝紫色、黄土色等。室内装修中发展了镶嵌彩色玻璃画的技法。彩色玻璃画常使用淡肤色、黄色、红褐色、绿色、深蓝、褐色等，并用黑色的线条勾勒（图1–11）。

12世纪中期，在东欧兴起了哥特式建筑，其整体结构趋于框架式，窗子占满了支柱之间的面积，几乎没有墙面。因此，壁画在哥特时期大大减少了，绘有宗教内容图案的彩色玻璃画达到了高峰。玻璃画采用金色、黑色、朱色、深蓝色和橄榄色等，其明暗对比已有较为周密的组织。

图1–11　中世纪教堂的彩色玻璃画主要用黄、红、褐、绿、深蓝等色绘制

1.1.5 近代欧洲的建筑色彩

在基督教统治欧洲1000多年后，14世纪的意大利，以人文主义为中心，在思想文化及社会生活的各个领域里展开了一场轰轰烈烈的反封建、反宗教神学的斗争，史称文艺复兴。这个时期的建筑形式完全摆脱了中世纪的束缚，积极地向古罗马建筑学习，但是色彩方面却没有简单复苏古希腊、古罗马时代的色彩特点。

文艺复兴时期用于建造和装饰建筑的仍然是由中世纪沿袭下来的一些材料，如大理石、砖、马赛克及彩色玻璃等。当时建筑和绘画上采用的主要是金色、红色、深蓝色、浅绿色等，和拜占庭教堂辉煌的内部及哥特式教堂华丽的外部相比，这段时期的建筑在色彩方面稍显平淡。

文艺复兴时期的壁画题材大多出自《圣经》，色彩的象征意义已经比中世纪淡化了许多。当时的壁画大多采用天然矿物性颜料，如石青、石红等，一般不用植物性颜料。因为壁画的石灰底子呈弱碱性，容易对大青、茜草等植物性有机颜料造成破坏。图1-12所示的梵蒂冈圣彼得大教堂是欧洲文艺复兴时期在建筑方面的一个杰出成就，整个建筑全部用石料建造，呈白色，显示着明朗轻快的风格。

图1-12 梵蒂冈圣彼得大教堂，白色的建筑材料显示明朗的风格

16世纪后半叶，巴洛克建筑在法国盛行起来，成为当时的中心文化。巴洛克建筑追求金碧辉煌的效果，崇尚金色，喜好浓烈的红色、蓝色、橙色、紫色、胭脂色等。典型的实例有罗马的圣卡罗教堂。

18世纪上半期，在巴洛克建筑的基础上形成了以“逸乐”为中心的洛可可艺术潮流，主要表现在室内装饰上。洛可可建筑色彩以银色为主调，室内墙面粉刷多用嫩绿、粉红、玫瑰红等鲜艳的浅色调，线脚大多用金色，顶棚上涂天蓝色，并画着白云。这种风格的代表作是凡尔赛宫。图1-13所示的是凡尔赛宫内部装饰，我们可以看出其用色鲜明华丽，细腻柔媚。

图1-13 凡尔赛宫内部用色华丽细腻

18世纪，欧洲建筑形式开始效仿古罗马的形式，这个时期被称之为古典主义时期。为了仿效古罗马建筑的风格，

色彩上多选取白色、金色、红色、黑色和蓝色等，显示出一种庄重而又明快的气氛，其典型代表有巴黎的雄师凯旋门。

1.1.6　现代欧美建筑色彩

继18世纪工业革命之后，由于新材料和新技术的不断革新，建筑形式和风格日益推陈出新，其流派亦层出不穷：有19世纪末奥地利出现的分离派、20世纪初在德国和法国出现的合理派和表现派、荷兰的构成派、以德国和奥地利为中心的国际派、以法国为中心的纯洁派等等。现代建筑的特点是形式服从于功能，建筑色彩主要以白、黑、灰为基调色，局部辅以红、黄、蓝三原色，显示出朴素无华的效果。虽然表现派为了创造出丰富活力与流动感的风格，在建筑中使用了红、黑、黄、蓝等鲜明的颜色，但终究不是主流。

第二次世界大战之后，随着科学技术的发展和工业生产水平的提高，新建筑中大量采用了有色玻璃、透明塑料、轻金属等材料，建筑色彩进入了人工着色的时代，色调从对比强烈到淡雅柔和，配色范围日趋广泛，建筑色彩迈入了一个新的领域。

1.2　中国建筑色彩的发展

1.2.1　原始社会及奴隶社会的建筑色彩

我国对色彩的运用起源较早，原始社会时期已经开始运用红土、白土等作为建筑涂料。位于今湖北省黄陂县盘龙城遗址是商代前期城市遗址，从发掘的资料来看，当初的建筑四壁是木骨泥墙。

彩陶是原始社会最高的艺术成就，仰韶文化遗址中发掘出的母系氏族社会的陶器，已经分为彩陶（图1–14）、白陶、红陶、黑陶、印纹陶五种。陶器上有精美的装饰图案，其纹饰有宽带纹、网纹、花瓣纹、鱼纹、弦纹和几何图形纹等，色彩主要是白、红、黑三种。这些精致的纹饰和简单的色彩充分反映了古代劳动人民的聪明智慧和对生活美的追求。到新石器时代，我们的祖先已经能够用赤铁矿粉末将麻布染成红色。居住在青海柴达木盆地诺木洪地区的原始部落，能把毛线染成黄、红、褐、蓝等色，织出带有条纹色彩的毛布。商、周时期是我国铸造和使用青铜器的鼎盛时期。铜鼎作为一种重要的祭祀礼器，只有王侯才能使用。

图1–14　彩陶（仰韶文化遗址出土）

由于制陶、冶炼和纺织等生产工艺的发展，人们开始使用矿物质颜料。这些颜料主要有：红色的赤铁矿和朱砂、黄色的石黄（雄黄和雌黄）、蓝色的石青、白色的胡粉和蜃灰、黑色的炭黑。古代建筑主要是木结构，为了防止木材表面经受风雨、冷热、潮湿、虫蛀和阳光的侵蚀，并掩盖木材表面的斑痕等缺陷，人们将这些矿物颜料，涂刷在木构件外表，可以起到装饰和防护的作用。

西周时期，人们将青、赤、黄、白、黑称为“五色”，也叫“正色”，而将淡赤、紫、缥、绀、硫磺等称作“非正色”，也作“间色”。这个时期出现的植物性颜料，常用的是茜草，它的根含有茜素，用明矾作为媒染剂可染出红色。青色也是从蓝草里提取的碇蓝染成的，能制碇蓝的草有许多种，最初多用马蓝草制成。春秋战国时已能用蓝草制碇染青色。荀子在《劝学篇》中说的“青取之于蓝而青于蓝”便是由此而来。

《春秋谷梁传·庄公二十三年》中记载：“楹：天子丹，诸侯黝，大夫苍，士黈。”大意是说：柱子，帝王的宫殿要用红色，诸侯的府邸要用黑色，普通知识分子则用土黄色。由此可见当时对于建筑色彩已经有了一定的规范，并带着浓重的等级色彩。除柱子按等级着色外，又有墙面刷白、地面涂黑的做法。

1.2.2 封建社会的建筑色彩

春秋时期，抬梁式结构的运用使得建筑彩绘艺术得以发展。梁上的短柱和木构架上的坐斗等部位都被施色或绘上彩画。至战国时期，这些彩画外表又被涂上油漆，更进一步起到了保护作用。战国时期的宫殿建筑广泛使用了筒瓦和板瓦，并开始在瓦上涂朱色。

秦国在统一六国后，在全国大兴土木，建造了一系列巨大工程。《史记·秦始皇本纪》：“始皇推终始五德之传，以为周得火德，秦代周德，从所不胜。方今水德之始，改年始，朝贺皆自十月朔，衣服旄旌节旗皆上黑。”秦朝尚黑，从“黔首”一词便可看出。“黔谓黑也。凡人以黑巾覆头，故谓之黔首。”（孔颖达《礼记·祭义·正义》）。秦代的建筑形式与色彩基本继承了战国的传统，并加以充分发挥，与之豪华的宫殿相呼应。

《周礼·冬官考工记》记载：“画缋之事，杂五色。东方谓之青，南方谓之赤，西方谓之白，北方谓之黑。天谓之玄，地谓之黄。青与白相次也，赤与黑相次也，玄与黄相次也。青与赤，谓之文；赤与白，谓之章；白与黑，谓之黼；黑与青，谓之黻；五采备，谓之绣。土以黄，其象方，天时变，火以圜，山以章，水以龙，鸟兽蛇，杂四时五色之位以章之……”从这里看，“五色”的概念从“五行”衍生而来。到了汉代的时候，人们开始运用五种颜色代表方位。

青色代表木，象征青龙，表示东方；红色代表火，象征朱雀，表示南方；白色代表金，象征白虎，表示西方；黑色代表水，象征玄武，表示北方；黄色代表土，象征黄龙，表示中央。

汉代的色彩比较丰富，不再崇尚黑色，而以黄色为皇帝的专属色。柱枋多以红色为基调，栋梁为黄、红、金、蓝色调，内部及外檐多有装饰及壁画。这些壁画直接画在石灰岩的壁面上，画面运用了黑、赭、赤、黄、石青、石绿等多种矿物颜料，并沿着墨线轮廓加以色彩渲染，以追求立体效果。图1-16所示为东汉晚期河南洛阳朱村墓室壁画，真实地反映了墓主人及其仆从的生前生活，色彩丰富，层次感较强。

魏晋南北朝是一个民族文化打散、整合的年代。北方民族向江南一带迁徙，南方土著民族也与汉族进一步融合。而东汉时期自印度传入中国的佛教，这个时期也兴盛

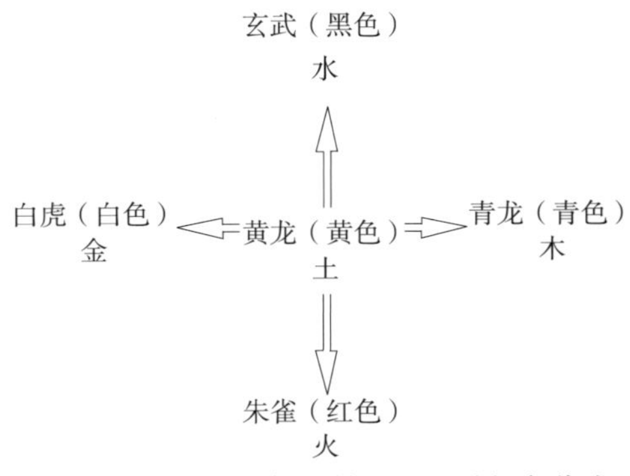

图1-15　汉代，人们开始运用五种颜色代表方位

图1-16　色彩丰富的河南洛阳朱村墓室壁画：墓主人夫妇坐帐图

起来。由于多民族的文化相互融合，建筑色彩渗入了异国情调。在保留前朝特点的基础上，受佛教影响大量使用金色。西汉时期带入我国的琉璃瓦，从北魏开始使用在建筑上，颜色比较单一，主要是黄色和绿色。而黄色琉璃瓦只有皇家寺院或是皇帝的宫殿才可以使用。与此同时，彩绘与雕饰技术获得了空前发展。

北魏开创了退晕的施色技法，即在同一色中由深到浅施色。反之则称为对晕。最为代表性的当数我国甘肃省敦煌莫高窟。

敦煌地处丝路南北三路的分合点，当年曾是一座繁华的都会，贸易兴盛，寺院遍布。莫高窟始凿于前秦建元二年（公元366年），后又经历代增修，现存洞窟492个，壁画45000平方米，画彩以土红色为基调，配以蓝、绿、黑、白等颜色。壁画所使用的均为矿物质颜料，土红从赤铁矿中提炼而来，蓝、绿色分别从青金石和绿铜矿中提取，而白色则多从高岭土中提取（图1-17）。

图1-17　莫高窟壁画：鹿王本生图（局部·北魏）

隋唐在长期动乱以后复归统一。隋朝时期建筑造型浑厚质朴，重视本色美，气度恢宏从容。唐代是中国历史上的黄金时代，国力强盛，与西方的波斯、拜占庭和中亚都有着外交上的来往。当时外来的艺术与中国的民族艺术水乳交融，建筑色彩空前丰富，建筑类型以宫殿和佛教建筑为主。到了盛唐时期，华贵之风盛行，屋面大量采用琉璃瓦，主要有绿色、青色、绀色和黄色，色泽鲜明，富丽堂皇。当时所建的南禅寺大殿、佛光寺大殿迄今犹存。

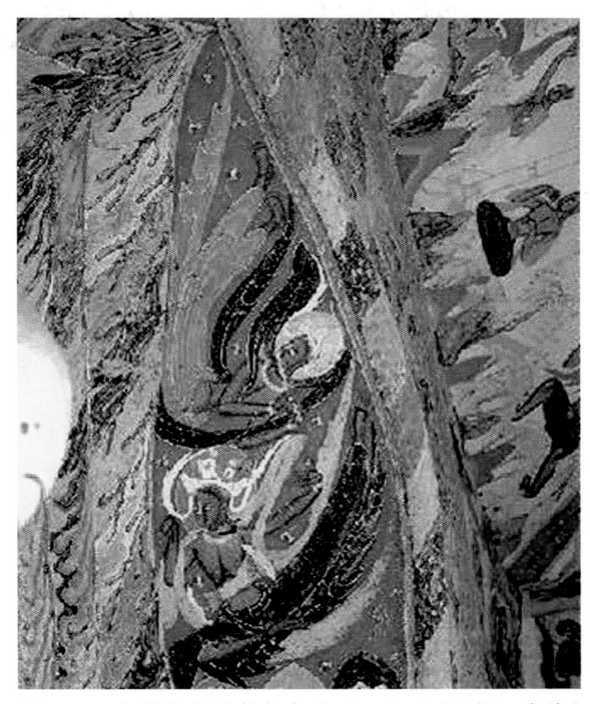
图1–18 色彩丰富的莫高窟壁画：飞天（局部·唐代）

敦煌壁画发展到唐代到了一个新的高度，色彩更为丰富，颜料的提取途径也增多了。如白色矿物质颜料的提取范围已经扩大到了高岭土、方解石和石膏。图1–18所示的敦煌壁画中的《飞天》，气韵生动，可以说敦煌唐代艺术代表了中国佛教艺术最璨烂的时代。

宋朝建筑是继唐代之后的又一个鼎盛时期，这个时期的审美趣味更趋近于富有普通情趣的日常生活，并着意在细部和装饰的追求。建筑色彩由唐代的华贵富丽逐渐向清淡高雅转变，追求稳而单纯的装饰。这时期主要建筑的木架部分用上了华丽的彩装。宋代彩画颜料的种类比唐代丰富，唐以前中国彩画以暖调子为主，因为当时在极其落后的生产工艺下，获取石青、石绿、金箔这几种主要材料相当困难，而获得土红色、土黄色、白色、黑色颜料要相对容易些。而宋代彩画的用色则偏向于冷调子，且分为几个等级，有五彩、青绿、土朱等。在寺庙和宫殿建筑上，采用“五彩遍装”，次要宫殿、园林和住宅建筑采用“碾玉装”和“青绿叠晕棱间装”，次要住宅则采用“丹粉刷饰”。现存的浙江宁波保国寺大殿、河北正定隆兴寺、山西晋祠主殿圣母殿均为宋代建筑。

元朝是我国历史上版图最大的一个朝代，建筑色彩及其装饰既具有宋代清淡雅致的风格，又带着蒙古族粗犷、简约的特征。琉璃在建筑中色彩逐渐丰富起来，有红、黄、蓝、绿等颜色，表面上釉，在阳光的照耀下格外灿烂。

山西省芮城永乐镇永乐宫修建于元代，是典型的元代建筑风格，粗大的斗拱层层叠叠地交错着，四周的雕饰不多，简洁明朗。宫殿内部的墙壁上，布满了精心绘制的壁画，其颜色主要有石青、石绿、朱砂、石黄、白粉等，这些矿物颜料附着力及覆盖力均强，经久耐光，不易褪色（图1–19）。

元末农民起义，推翻了异族统治，建立了明朝。

图1-19　山西省芮城永乐镇永乐宫壁画（局部·元代），其颜色主要有石青、石绿、朱砂、石黄、百粉等。这些矿物颜料经久耐光，不易褪色

图1-20　承德避暑山庄屋顶彩绘

明朝十分强调古代的封建礼制，反映在建筑上则体现为造型简洁，讲究形式美，色彩强调变化与统一。明代的统治者和普通百姓的居住区泾渭分明。统治者所居住的皇宫建筑规模宏大，运用了大量奢华的建筑材料和构件，红墙、红柱、黄屋顶、白石台基，色彩艳丽、浓重华贵；而普通百姓的住宅则大部分为黑瓦、白墙、棕色门窗和板壁，清淡朴素，秀美静雅。

明代彩画偏冷色调，以青、绿为主，主要线脚用金色。偶尔在青绿色为主的冷色调中，点缀一些红色，借以突出主题和核心内涵。工艺上极注重退晕技巧，强调色彩柔和的感觉，退晕色最浅的颜色为浅蓝、浅绿和浅红色，风格简练、淡雅、深沉。

清代建筑继承了明朝的特点，并进一步融合了民族特色。宫殿建筑红墙黄瓦，朱红柱子。彩画颜色较明代又有了发展，基调是以青绿色为主的冷色调，但是用红色的范围比明代多了，五彩缤纷。尤其到清康乾盛世，开始用金叶子装饰古建筑，呈现“金碧辉煌”的效果。清代中期后，西方工业化带来西洋颜料快速发展，大量出口我国，彩画在颜料上更为丰富。中国传统颜料（花青、滕黄、土红、胭脂、石青、石绿、银珠）与西洋颜料（巴黎绿Paris green、布伦兹维克绿Brunswick green）两种颜料并存，促使彩画朝着金碧辉煌、五颜六色发展。图1-20所示的是河北承德避暑山庄，始建于清康熙四十二年（公元1703年），其屋顶彩绘基调以青绿色为主，与红色柱、壁相互衬托，色彩明快、鲜活。

清代中期后，民宅根据地理位置各有特点。北方居民的砌筑材料一般为灰瓦、土坯、木料等，建筑多为本色。南方居民多为白墙青瓦，柱子涂以棕、褐色，色调朴素。

图1-21所示的河北承德避暑山庄外八庙融合了我国汉、藏等民族的建筑艺术，独创了一种集我国汉式传统建筑和藏族及其他少数民族建筑有机结合的新格调，大面积

使用红、黄、绿、白、黑等色彩，对比十分强烈。

在北京的明、清紫禁城宫殿建筑群，始建于明永乐四年（公元1406年），以后又经明、清两代不断的修建和扩建，是世界上现存规模最大最完整的古代木结构建筑群。北京故宫的建筑色彩，典型地表现了我国封建时期宫廷建筑皇权为上的特点。屋顶采用大面积的黄色，象征皇权地位；墙身采用深红，表现富贵豪华；再加上丰富色调的彩绘，使得故宫建筑群具有金碧辉煌的色彩气氛（图1–22）。

图1–21 承德外八庙普仁寺，大面积使用红、黄、绿、白、黑等色彩进行装饰，对比强烈

图1–22 北京故宫具有金碧辉煌的色彩气氛

思考题：

1. 西方建筑色彩与中国建筑色彩的形成与发展有何异同？
2. 在我国传统建筑中，宫殿建筑用色有何特点？

第2章　建筑色彩基本理论

2.1　色彩与光

我们知道，一切视觉活动都必须依赖于光的存在。没有光线，人的眼睛就看不到一切。也就是说，没有光就没有色。

色是通过光被我们感知的，故人们称光是色之母。为了理解这一点，我们首先应认识光的物理性质。光的物理性质是根据振幅和波长这两个要素决定的（图2–1）。不同振幅的光给人不同的明暗感受，它代表着光的能量。不同波长的光给人不同的色彩感觉，它具有色相的特征。

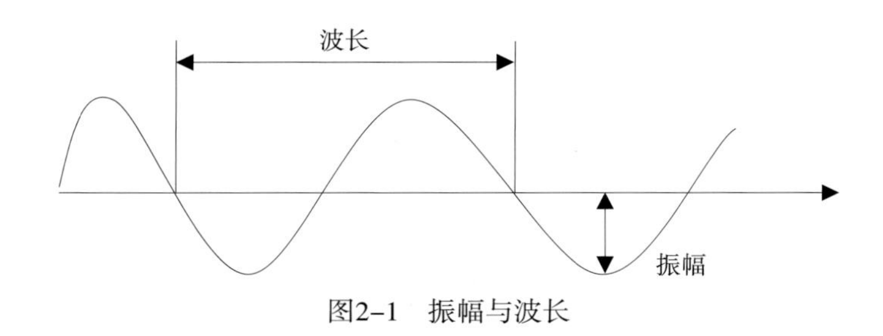

图2–1　振幅与波长

由于光的波长不同，它可分为红外线、紫外线和可视光线（即肉眼可见的光线）。可视光的波长范围为400 ~ 700nm（表2–1）。红外线和紫外线为不可视光线，是肉眼看不到的光线。

波长与色相　　**表2–1**

色相	红	橙	黄	绿	蓝	紫
波长范围 nm	700 ~ 610	610 ~ 590	590 ~ 570	570 ~ 500	500 ~ 450	450 ~ 400

英国物理学家牛顿在1666年进行了太阳光的实验，发现太阳光透过三棱镜可以产生赤、橙、黄、绿、蓝、紫等色光，而且，这些色彩是按照一定顺序分布的。同时，牛顿的光实验还揭示了太阳光是由这些色光合成的，这就是著名的光的色散与光的合成实验。

自从牛顿关于光的实验结果公布以后，人们一直认为白光是由“七种”色彩合成的。关于这一说法，不少学者有不同的观点。

古希腊时，亚里士多德就认为自然界的色彩是由七种基本颜色组成，但那时的七种色彩是指白、黄、红、紫、绿、青、黑。我们无法考究当时确定七种基本色的理论依据。但是，“七”这个习惯数字在西方的学术界中统治了两千多年之久。而且，在西方的神学世界观中数字“7”显示了超凡的活性。英国教会奉献给上帝的七声音阶调式，也被称为多里安调式。即使是牛顿也将光谱与该调式音列所对应的弦长一一对应，并用当时光实验中发现的色彩名命名。这样，光谱上的色彩就出现了红、橙、黄、绿、青、蓝、紫七种色光了。几百年来，人们都不曾怀疑地认定了“七色说”的理论。其实，光怎能仅仅是这七种色光组成呢？我们人类的眼睛在有光线的条件下，可以看见光谱中的各种颜色，在整个光谱中，人们可以分辨出一百多种不同的色彩。

从物理学上看，光是电磁波的一部分。英国物理学家麦克斯韦尔（J.C.Maxwell）证明了光是一种能见的电磁波，而电磁波的性质多以波长来表示。而波长从短到长依次为γ线、x线、紫外线、可视光线、红外线、电波等。并非所有的光都有色彩，如电波中的长波呈红色，中波呈绿色，短波呈紫色。所以，红、橙、黄、绿、青、蓝、紫则是按波长的顺序排列而成的色彩。其实，色彩远远不是如此单纯，因为，两个色彩区域中还包含了过渡的色彩。如黄绿、蓝绿、紫蓝、紫红、橙黄、橙红等，并且还有许多难以用具体的色彩名称表述的颜色。

2.2 色彩的三要素

色彩的三要素是指色彩的色相、明度、纯度，我们所看到的色彩则是这三个属性的综合。

2.2.1 色相

即色彩的相貌和名称，故色相也称为色名。每一个不同的色彩均具有不同的色相或色名，如红、绿、黄、深蓝、翠绿等。当我们提起这些色名，很自然就联想起该色彩的相貌。色相则是彩色系最主要的基本特征。

太阳光中包含着极其丰富的色相，所以，我们才能感觉到自然界中如此千差万别的色彩。色彩学家认为，世界上有多少种物体，就有多少种色相，而且这些色相各有差异。现在，科学家们已经发现了32000余种不同的色相，运用在印染技术中的色相就有2000多种。我们人的眼睛能辨别的色彩是有限的，而且因人而异。一些研究者表示人能感觉200万～800万种不同的色彩。不过，如此多的色相不一定都具有色彩的名称。

了解色彩名称的来源能帮助我们更好地了解色彩和表述色彩。色彩有的根据明度来命名，如浅红、深绿、浅蓝、深紫等；有的根据纯度来命名，如红灰、蓝灰、大红、鲜绿等；有的根据色相的含量比来命名，如蓝紫、黄绿、橙红、黄橙等；有的根据提取色素的原材料来命名，如柠檬黄、玫瑰红、煤黑、镉黄等。

2.2.2 明度

明度是色彩深浅明暗的程度。从物理学的角度来看待明度，则是物体表面反射同一波长的光量不同，使颜色的深浅（明暗）有了差别。这就使我们看到了色彩的深浅明暗层次，即我们指的明度。物体由于反射光和吸收光的能力不一样，呈现不同的明度。如果各种波长的光全被物体吸收，物体的明度降为零，呈黑色；如果各种波长的光全被物体反射，物体的明度最高，呈白色；若反射与吸收相等，则呈灰色。

另外，各种不同的色彩，都有其自身的明度，如黄色明度高，橙色次之，紫色明度低等。明度改变，纯度也跟着改变。如蓝色加黑色，蓝色的明度降低了，蓝色的纯度也降低了。又如绿色加白色，绿色的明度提高了，但是绿色的纯度却降低了。

2.2.3　纯度

颜色的纯度，指色彩纯净、鲜艳、饱和的程度。故色彩的纯度以颜色中所含有色成分的比例来表示。含有颜色成分的比例越大，色彩的纯度越高；含有颜色成分的比例越小，纯度越低。另外，光谱色是纯度最高的颜色，为极限纯度。我们平时所使用的各种颜料，其纯度大大低于光谱色。无论什么颜料，加入它的色越多，纯度越低。而且，在人们的视觉中所感受的色彩区域，基本上是非高纯度的色彩，这些色彩大都含有不同程度的灰色成分。不过，也正因为如此，色彩纯度的变化，才使色彩显得格外丰富。

我们在自然界中见到的各种有色物体，其纯度与物体的表面结构相关。如物体表面粗糙，其漫反射作用使色彩的纯度降低；若物体表面光洁，那么其全反射作用使色彩鲜艳。物体颜色的纯度变化还与表层材质、光源色的强弱、空气中的尘度有关。

2.3　色彩的对比与统一

2.3.1　色彩的对比

当两种或两种以上的色彩，以空间或时间关系相比较，由于互相衬托而互相加强或改变，使各自的特征更加突出，这种关系称为色彩的对比关系，即色彩对比。

色彩的对比因素多种多样。从反映在视觉上的先后来分，可分为同时对比和连续对比；从色彩的性质来分，对比的种类有色相对比、明度对比、纯度对比；从色彩的形象来划分，对比的种类有形状对比、面积对比、位置对比、虚实对比、肌理对比；从色彩的生理与心理效应来划分，对比的种类有冷暖对比、轻重对比、胀缩对比、远近对比等。

1）同时对比与连续对比

（1）同时对比

同时对比是当两种颜色并置时，由于色彩间同时发生视觉作用，两色会互相影响而产生不同的对比效果。如红和绿并置，红的更红，绿的更绿；黑和白并置，黑的更黑，白的更白（图2–2）。

我们在生活中见到的色彩对比大多数为同时对比。在同时对比时，非彩色之间可以形成非常多样的明度对比关系；有彩色同时具有明度对比和色相对比；有彩色与非彩色之间，也可形成非常多样的明度对比、纯度对比及综合对比等关系。此外，色彩间还有冷暖、进退、胀缩、厚薄等感知方面的差别，故在同时对比时也就必然形成冷暖对比、进退对比、胀缩对比、厚薄对比等。

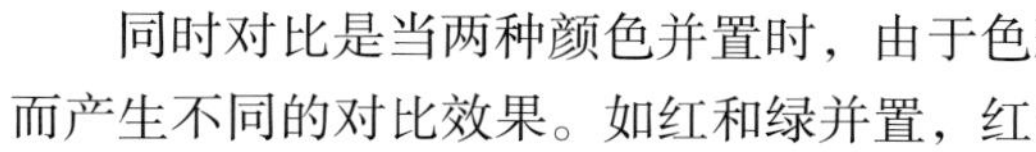

红与绿的对比　　黑与白的对比

图2–2　同时对比

（2）连续对比

色彩的连续对比，就是当人们注视某一个颜色A之后，再把眼睛转移到另一个颜色B，则B中就有A色的补色影响。如看到红色色块后，再看白纸，则白纸上就会出现绿色色块。或者当人们对暖色光的环境适应后，突然来到正常光线下，会觉得正常光线偏冷，这种现象叫做补色残像。这是因为视觉神经受到前一个颜色的刺激，依然继续存在着前一个颜色所产生的补色感应。这种现象使色彩产生了连续对比。

2）色相对比

因色相的差别而形成的色彩对比叫色相对比。色相对比包含有原色对比、间色对比、补色对比和邻近色对比等。

（1）原色对比

红、黄、蓝是色相环上最极端的颜色，它们不能由别的颜色相混合而产生，却可以混合出色环上的所有其他颜色（图2–3）。红、黄、蓝表现出了最强烈的色相气质，它们之间的对比属最强的色相对比，如果一组色完全由两个原色或三个原色搭配，就会令人感受到一种极强烈的色彩冲突，这样的色彩对比很难在自然界的色调中出现。如红色与黄色并置，会发生同时作用，红色偏向玫瑰色，黄色偏向柠檬黄。红色与蓝色搭配时，红色偏向于橙色，蓝色偏向于绿色。在两色相邻处，这种变化会更突出。

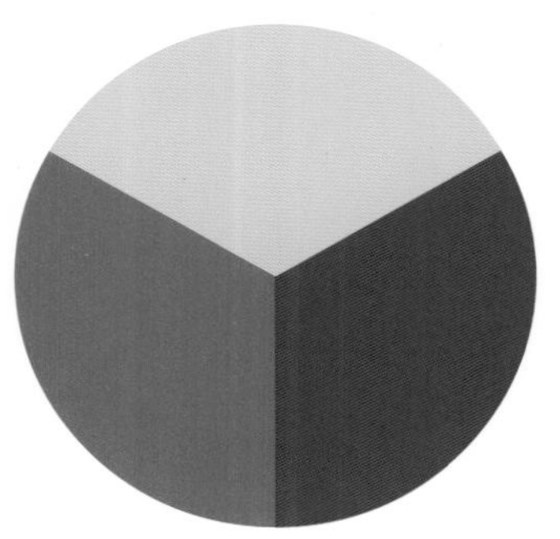

图2–3 原色对比

（2）间色对比

两原色相混所得的橙色、绿色、紫色为间色（图2–4），其色相对比略显柔和，自然界中植物的色彩呈间色的多，许多果实都为橙色或黄橙色，植物的叶多为绿色和紫色。我们还经常可以看到绿与橙，绿与紫的对比，这种对比活泼、鲜明又具有自然美。

图2–4 橙、绿、紫称为三间色对比

（3）补色对比

在色相环直径两端的色为互补色，如红与绿、黄与紫、蓝与橙的对比，如图2–5所示。补色的出现出自视觉生理所需求的色彩补偿现象。一对补色并置在一起，可以使对方的色彩更加鲜明。如黄与紫并置时，黄的更黄，紫的更紫，色彩对比极鲜明、刺激。因此，补色关系运用得好，可以使色调明亮、生气勃勃，可以利用这种关系更鲜明地衬托出主体。但是，补色关系如果不注意色块面积大小、对比等问题，会使色彩处理生硬、火气、甚至给人烦躁不安的情绪等；补色对比运用不当的搭配，还可能产生幼稚、原始和粗俗的感觉，从而影响整体气氛。

黄与紫的对比

橙与蓝的对比

绿与红的对比

图2–5　补色对比

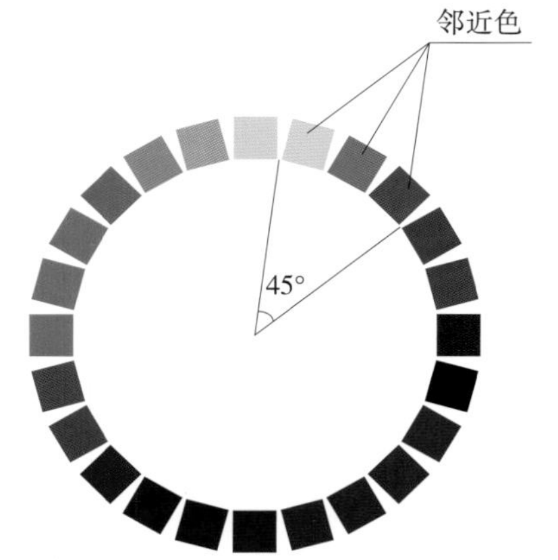

图2–6　邻近色对比

（4）邻近色对比

在色相环上相差45°以内的色彩对比为邻近色对比，其色相差别很小，属于中等对比，如红与橙、黄与绿、橙与黄，它们在色相上有相互渗透之处，如图2–6所示。邻近色对比的最大特征是具有明显的统一色调，或为暖色调，或为中性调，或为冷色调，同时在统一中不失对比的变化，可构成优美和谐的色彩关系。

3）明度对比

因明度差别而形成的色彩对比，称之为明度对比。明度是无色彩的黑白之间所特有的移动和渐变。明度对比在色彩构成的实践中有着重要的作用，色彩的层次、体积感、空间关系主要由明度对比来完成。如果色彩的明度关系搭配不当，不能正确地表达出明度关系，那么色彩的体积感和空间层次关系就会丧失。

根据明度色标，凡明度在0～3度的色彩称为低调色，4～6度的色彩称为中调色，7～10度的色彩称为高调色。色彩间明度差别的大小，决定明度对比的强弱。3度差以内的对比又称为明度弱对比，又称短调对比；3～5度差的对比称为明度中对比，又称为中调对比；5度差以外的对比，称为明度强对比，又称为长调对比。如图2–7所示。

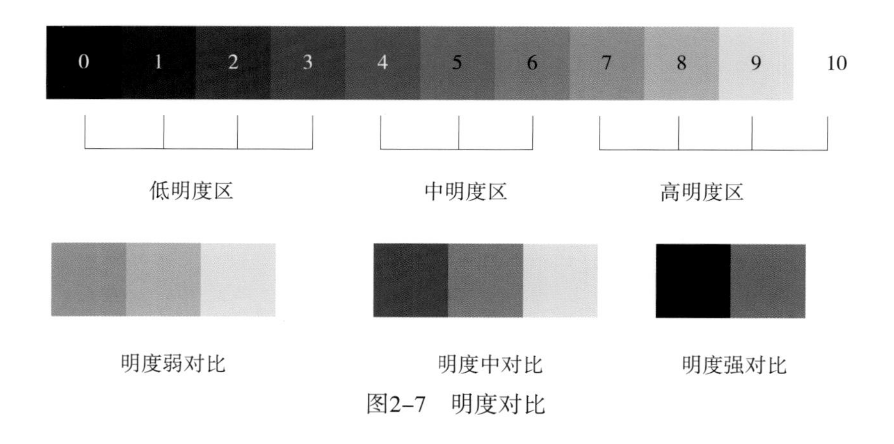

图2–7　明度对比

明度对比的强烈程度，取决于明度差的大小。在格来维斯（M·Graves）表色体系中，黄的明度为8，橙的明度为7，红的明度为5，绿的明度也为5，蓝的明度为4，紫的明度为3。如黄色与紫色的明度差为8－3=5，蓝色与紫色的明度差为4－3=1，黄色与红色的明度差为8－5=3，红色与绿色的明度差为0。

两个色的对比，明度差越大，对比越强烈。明度差越小，对比越弱。如黄和紫明度差为5，故对比强烈；黄与红明度差为3，对比较弱，红与绿的明度差为0，对比最弱，见图2–8。

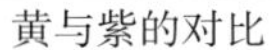
黄与紫的对比

黄与红的对比

绿与红的对比

图2–8 具有不同明度值的色彩对比

图2–9 传统的黑白照片利用明度对比表现绚丽多彩的自然风光

明度对比在色彩构成中占有重要的位置。色彩的层次、空间关系主要靠色彩的明度对比来实现。正因为如此，我们可以把绚丽多彩的自然风光拍成黑白空间感很强的照片（图2–9），也可以把复杂的色彩冷暖关系用素描明暗关系来体现。对装饰色彩的应用来说，明度对比的正确与否，是决定配色的光感、明快感、清晰感以及心理作用的关键。任何图案的配色都应重视黑、白、灰的关系。不仅要重视非彩色的明度对比的研究，更要重视有彩色之间的明度对比的研究，这样，才能正确利用明度对比的方法产生所需要的艺术效果。

4）纯度对比

因纯度差别而形成的色彩对比叫纯度对比。纯度对比一般是在同明度下进行的。纯度对比可以体现在单一色相中不同纯度色的对比中，也可以体现在不同色相的对比中。

在纯度对比中，对比的强弱取决于色彩间纯度差的大小，相差10个阶段以上的纯度对比应称为纯度强对比，相差4个阶段以下的对比称纯度弱对比，相差6到7个阶段的对比称纯度中对比，以此类推可把纯度对比大体划分为：鲜明对比、鲜中对比、鲜弱对比、中中对比、中弱对比、灰弱对比、灰中对比、灰强对比等。

任何一种鲜明的颜色，只要它的纯度稍稍降低，就会表现出不同的相貌与品格。当纯度对比不足时，往往会出现粉、脏、灰、黑、闷、单调、软弱、含混等毛病；纯度对比过强时，则会出现生硬、杂乱、刺激、眩目等感觉。

5）冷暖对比

由于色彩感觉的冷暖差别而形成的色彩对比，称为冷暖对比。如红、橙、黄这三种颜色，让人觉得温暖；而蓝、蓝绿、蓝紫，却使人感觉寒冷。冷暖对比搭配，具有鲜明强烈的色彩效果，如图2-10所示。

图2-10 冷暖对比

另外，色彩的冷暖对比还受明度与纯度的影响，白色对于光的反射率高而使人感觉冷，黑色对于光的吸收率高而使人感觉暖。

6）色块面积与对比

两种或两种以上的颜色共存在于同一视觉范围内，相互间必定存在面积的比例关系。不同面积的比例，显示色彩不同的量之间的关系，从而产生不同色彩对比的效果。当两种颜色以相等的面积出现时，这两种色块的冲突就达到了高峰，色彩对比强烈。两块面积相等的色彩，若纯度和明度不同，就会感到高纯度高明度的色块面积比低纯度低明度的色块面积要大些。同一颜色呈现在大面积上时，它的明度和纯度会觉得比呈现在小面积上时的明度和纯度要高。

7）边缘对比异像

边缘对比异像发生在两种色彩相邻的地方，无彩色时特别明显。如黑色与灰色连接时，其连接边界处会感到亮些，白色与灰色连接时，其连接边界处会比其他地方暗些，纵横排列的黑色方块，在白色十字交叉的地方，可感到有小黑块出现，如图2-11所示。

图2-11 边缘对比

2.3.2 色彩的统一

色彩的统一是指将各色彩元素按照一定的法则联系起来，使之具有整体感。在色彩调配时，按实现手法的不同主要分为近似的统一和矛盾的统一。

1）近似的统一

近似的统一是指将色相环中小于90° 的近似颜色按照一定的色彩处理手法实现统一。它是最传统，也是最常见的色彩组配形式（图2–12）。

图2–12 近似色相配合的建筑色彩

近似色统一的特点是色彩类似、变化缓和，配色既具有和谐稳定感，又具有色彩层次丰富的特点。由于近似色统一的特点符合人们对建筑的审美心理需求，因此在建筑设计中广为应用。如在室内设计中，天花板可以作为大面积的色彩，对室内其他物件起着统一的作用；地面用相近似颜色的地毯或地砖、地台，近似木质色的墙裙、隔断等，彼此呼应，以取得视觉上的相互联系并引导视觉运动。各类陈设品，如家具、编织物等，选用一致或近似的色彩，可以获得室内空间总色调的统一。

但是，在一个空间中如果近似色的色相差非常小，甚至属于同一色相，在这种色彩环境中，人们容易产生单调乏味的感觉。为了避免这种情况，空间色彩应在明度或纯度上拉开距离，既统一又丰富。

2）矛盾的统一

矛盾的统一，是将有较大差异的色彩（在色相环中大于90° 的色彩）精心选择和巧妙布局，取得协调统一的效果。对于建筑与环境空间中的趣味中心或视觉焦点、重点，可以采用具有较大差异的色彩对比等手法，使空间色彩之间既产生强烈的主从关系，又形成一个完整和谐的整体。矛盾统一具有变化强烈、豪放、刺激的特点。

一组近似色固然很易取得统一和谐的效果，但色彩之间的对立、冲突所构成的矛盾关系却更具有视觉冲击力。因此，随着人们审美情趣和对色彩驾驭能力的提高，设计师们越来越重视矛盾色的统一效果。对比色的使用打破了近似色组合的局限性。“矛盾的统一”就是在这些差异程度较大的色彩间取得和谐。

在色彩的对比中，互为补色的对比是最强烈的对比。互补色是指在色相环上相距180° 的任意两种颜色。当人们受到某种色的刺激时，在心理和生理方面就表现出要求看到该色的补色，而该补色及其附近的色相就是某色的关联色。在寻求这种关联色的某种序列变化时，很容易获得色彩的协调。

互补色的搭配会产生活跃、明快的效果，突出个性及特色。如红与绿、蓝与橙、黄与紫等，都可以营造出强烈的视觉效果。

2.4　色彩与视知觉

2.4.1　色彩的几种知觉现象

色彩的知觉是大脑对客观对象色彩的反映，它具有以下几种现象：色彩的适应性、色彩的恒常性、色彩的易见性、色彩的进退与伸缩感、色彩的同化以及色彩的错觉。

1）色彩的适应性

由于生理特点的影响，人们的眼睛对光的刺激有一个适应的过程。当人们突然从明亮的地方转到黑暗环境的时候，视野内首先是一片漆黑，过一段时间后才能逐渐看见周围的事物，这种现象叫暗适应，该适应需要的时间较长。与此相对，从黑暗的地方突然转到明亮的环境时，会有刺眼的感觉，稍微调整即可看见物体，这种现象叫明适应，它需要的时间较短。

当眼睛长时间注视鲜艳的颜色时，就会感觉到该色的鲜艳度渐渐降低，这是眼睛对颜色的习惯性所致，叫做色适应。艺术家们经常强调观察色彩时的最初感觉，即第一色彩印象，因为那时的色彩反应是最敏捷的，假若时间稍长，就失去这种敏锐的判断力了。

2）色彩的恒常性

固有颜色的物体均具有其自身色彩的恒常性。一旦某物体的色彩被认可，即使客观条件有变化，相应的知觉仍具有恒常性的特点。如在人的观念中天空是蓝色的，云是白色的。一座白色的建筑物，无论是在红色光线下，还是在黄色光线下，都能很容易地被认知为白色。这是因为人们的眼睛不单感受到该建筑反射光量的多少，同时还将它与周围环境反射了多少光线比较，白色建筑物无论放在什么地方都要比周围的物体亮，所以感觉是白色。

3）色彩的易见性

一般来说，色彩的属性差异越大，醒目的可能性越高，明暗差和冷暖差是决定色彩易见性最主要的因素。尤其重要的是图形色与底色的明度差，假如图形色与底色的色相不同而明度相似的时候，那么图形的形象肯定是模糊的。相反，明度差异大，图形的易见度也非常明显（表2–2、表2–3）。

易见性高的配色　　**表2–2**

顺序	1	2	3	4	5	6	7	8	9	10
底色	黑	黄	黑	紫	紫	蓝	绿	白	黄	黄
图色	黄	黑	白	黄	白	白	白	黑	绿	蓝

易见性低的配色　　**表2–3**

顺序	1	2	3	4	5	6	7	8	9	10
底色	黄	白	红	红	黑	紫	灰	红	绿	黑
图色	白	黄	绿	蓝	紫	红	紫	绿	红	蓝

另外，从色调的倾向看，明亮的颜色比暗的色彩具有较高的易见性；纯度高的颜色比纯度低的色彩具有较高的易见性；暖色系的颜色比冷色系的色彩具有较高的易见性。

4）色彩的进退和伸缩感

从同一距离看起来会突出到前面的颜色叫做前进色，隐退到后面的颜色叫做后退色，这是由眼睛生理及色彩波长的影响导致的。一般而言，暖色系具有前进感及膨胀感，冷色系具有后退感及收缩感。这种现象主要受色相、明度、纯度的影响。

色相方面，波长长的色彩，如红、橙、黄等色具有前进、膨胀的特性，而波长短的色彩如蓝绿、蓝、蓝紫色具有后退、收缩的感觉。在明度及纯度方面，明度和纯度高的色彩一般具有向前、扩大的感觉，而明度低、纯度低的色彩具有后退、收缩的感觉。

色彩的前进与后退、膨胀与收缩的这种特性可以灵活地运用在建筑空间环境的设计中。如狭小的室内，使用具有后退感的颜色可使室内看起来宽大；而过高的顶棚，要让它显得尺度低一些可以涂一些明亮的暖色；同一房间，在墙壁上涂暗冷色会感到后退且显宽敞；而涂上明亮的暖色，会感到墙壁前移且显得狭窄。

5）色彩的同化

在一些色彩的组合中，不同的颜色会在某一种色彩的诱导下向着统一的方向靠拢，这种现象被称为色彩的同化现象。如同类色和邻近色因含有共同色彩成分而具有统一的色彩倾向。同时不同色彩的小色块结合也能被同化而显示出大的色彩倾向。建筑装饰中马赛克镶嵌画往往是利用这种原理来进行制作的。色彩的同化一般应具备一定的条件：如色彩间含有共同因素，色彩要有一定大小的面积变化，色块要相对集中等，不然我们的大脑很难觉察出这种同化效果。

色彩的同化现象是色彩对比度处于一定条件下的特殊产物，也可视为色彩对比的一种异化现象。在实际的色彩设计中，利用色彩的同化效果是一个非常重要的手段，它能使色彩变得微妙和丰富，从而使色彩彼此之间产生和谐的关系。

6）色彩的错觉

人们进行视觉活动时，偶尔会出现知觉反应的对象与客观对象不一致的情形，甚至引起幻觉，这种现象叫错觉，一般有以下几种情况：

（1）视觉后像

当视觉作用停止之后，感觉并不立刻消失，这种现象叫视觉后像。这种后像一般有两种：

正后像：如果你在漆黑的封闭房间，先看一支燃烧的蜡烛，然后闭上眼睛，那么在黑暗中就会出现支蜡烛的影像，这种现象叫做正后像。正后像是神经在尚未完成工作时引起的。

负后像：负后像是神经疲劳过度所引起的，其反应与正后像相反。这种负后像色彩错觉一般都成补色关系，如：红——绿、黄——紫、橙——蓝。黑与白也同样会产生这样的现象。

（2）对比错觉

对比错觉是指当眼睛同时受到几种色彩刺激时，任一色彩均会受其相邻色彩的影响，改变原来的色性并向对应颜色方面发展，使人产生错觉。

错觉主要表现在色块和色块的边缘，这与前文所述的色彩同化及色彩的边缘对比意向的原理相似。色彩的错觉是由于人的生理构造引起的。错觉的强弱与观察者的距离、色彩的对比、色彩面积的大小等有关。比如将白、灰、黑三块色并置在一起，注意观察中间灰色块的明度变化，会发现灰色与白色交界处的边缘显得暗些，而与黑色交界处的边缘显得明亮些。

另外不同色彩并置，会各自呈现出对方的补色倾向。如灰色在红、橙、黄、绿、青、蓝、紫等不同底色上呈现补色的感觉。又如同一灰色在黑底上显得亮，在白底上显得暗，在红底上呈现绿色倾向，在绿底上呈现红色倾向，如图2–13所示。

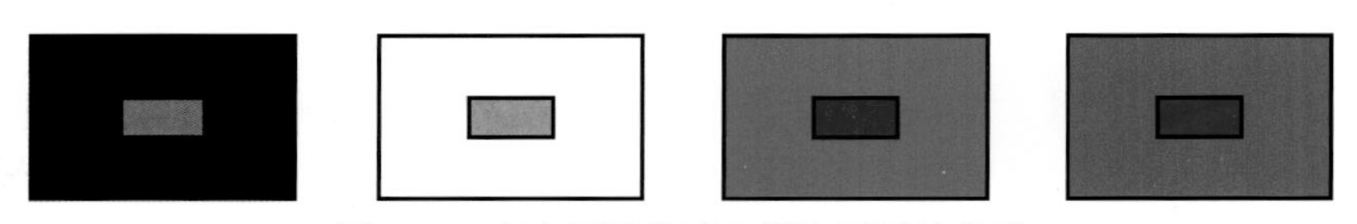

图2–13　灰在不同色底上倾向不同的色彩

2.4.2　色彩表情

人类对于色彩的视觉感受分为生理和心理两方面。色彩生理指客观色彩引起的主观生理反应，色彩心理指客观色彩引起的主观心理反应，色彩心理与色彩生理相互联系，又相互制约。

1）色彩的生理效应

生理学上对有色光线作用的研究表明，红色光线能够刺激心脏、肾上腺等循环系统，提升力量和耐力；粉色光线刺激的力量则相对柔和，同时它能使人的肌肉得到放松；橙色光线刺激免疫系统，肺丛、腹腔神经丛，同时能刺激胰腺、消化系统等，促进人体对食物的消化和吸收；黄色光线则刺激大脑等神经系统，提高心理的警觉性，活跃神经，帮助放松和治疗体内某些病症现象，如感冒、过敏及肝脏等问题；蓝色光线影响着咽部和甲状腺，能降低血压。靛青色光线能缓解皮肤病症和高烧；紫色光线有净化、杀菌和镇静以及抑制饥饿感等作用。

利用有色光线在生理学上的显著作用，产生了一门用色彩进行治疗的科学，即光谱疗法。从各种心理学的著作中，我们时常可以看到光谱疗法的运用：人们或者沐浴在有色光中，或置身于有色环境中。这种方法就是在现实中如何最大限度地利用这些色彩影响而有利于人类。

明亮的色彩，特别是暖色调，有益于提高人体活动的敏捷性和心理警戒性，被广泛应用于学校等场所。而相对素净和阴暗的冷色调则起着镇定的作用。海恩纳·爱特尔在慕尼黑进行了关于环境色彩对学校儿童作用的研究，他将学校儿童置于不同的色彩环境中。研究表明，对智力最有益的室内色彩是黄、黄绿、橙和淡蓝，处于这种色彩环境中的儿童智力提高了12点。而在白色、棕色和黑色的环境中，儿童的智商则低得多。另外，他还发现橙色的环境能使儿童们更活跃，更善于交际，性情更加温和。因此，把色彩应用到环境艺术设计中去就需要理性的分析。在室内设计中，儿童房的颜色一般采用暖色调。被阿尔伯达大学的哈瑞·沃尔法斯称为色彩心理动力的科学理念中，能够提高血压、脉搏速率和呼吸节奏的是红色、橙色和黄色。对这些生理体征变化起降低作用的则是绿色（降低效果最弱）、蓝色（降低效果中等）和黑色（降低效果最强）。

2）色彩的心理效应

当色彩刺激引起人们生理变化时，也会产生心理变化，如蓝、绿色能使人血压降低，脉搏趋于缓和，同时使人在心理上产生清凉、宁静的感觉。正因为这样，医院的室内一般以蓝绿色调为主，能平缓和安抚病人的紧张情绪。除此之外，色彩还能唤起知觉中更强烈、更复杂的心理感受，如高纯度的红色，能使人产生兴奋、闷热的心理情绪。由于红色与人们印象中的火、血、红旗等概念相关联，易让人联想到战争、伤痛、革命等，从而构成人对色彩的连带反应。这种由色彩的表现而联想到更强烈、更深层次的效应，属于色彩的心理效应。

（1）色彩的情感象征与性格表现

不同颜色有着不同的情感象征，色彩的性格表现也多种多样。因此，若要充分地利用色彩传达感情，了解各种色彩的不同性质以及所具有的客观表现性非常重要。

A红色　红色在可见光谱中波长最长，折射角度小。在所有色相中，它对人的视网膜刺激度最高。

红色易使人联想到太阳、火焰、血液、红花、革命、政权等，它使人感到兴奋、炎热、活泼、热情，具有挑战意味和号召性。由于红色具有吉祥、喜庆之感，能带给人热情奔放的情绪，富有朝气和活力的人多偏爱红色。

德国艺术史学家格罗塞认为："红色是一切民族都喜爱的颜色。"在西方，13世纪以前，红色是权利和地位的象征，几乎成为君王贵族和教堂的专用色。在东方，尤其在中国，红色是喜庆的象征，婚嫁喜庆的节日里，人们至今保持着穿红衣、戴红花、挂红灯的习俗，如图2-14所示。红色又象征恐怖和危险，因此也被广泛用于交通、警报、安全信号灯等。

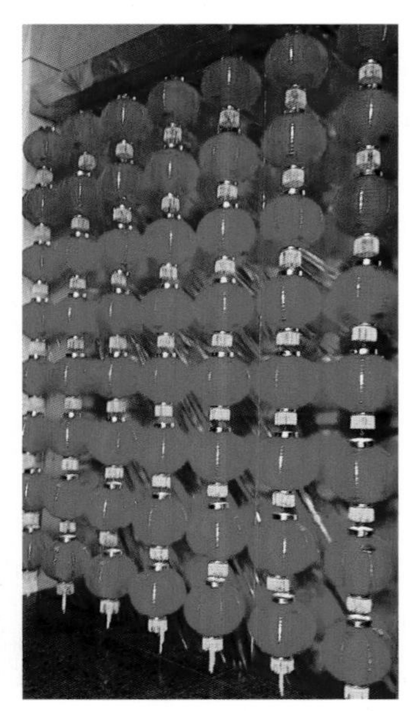

图2-14　某酒店门口在喜庆的日子布满了红灯笼

B橙色　橙色的波长介于红黄之间，它的明度高于红而低于黄，融合了热情的红色和明媚的黄色的橙色，兼具红色和黄色的色彩性格特征，是色彩中最温暖的颜色，象征着金秋、夕阳、硕果，具有华丽、辉煌、富贵、完满之感。

橙色常使人联想到自然界中的果实，易引起人的食欲，因此在食品包装中也被广泛应用。

C黄色　黄色是所有纯色中明度最高的颜色，象征高贵、辉煌、明朗、欢快、希望等。

在中国古代，黄色是帝王的象征；在古罗马时期也被视为高贵的颜色，普通人不得使用；在东南亚各国黄色表示"超凡脱俗"的教义。图2-15是以黄色为主色调的室内装饰，尽显华丽高贵的宫廷气息。由于黄色的注目性很强，还常用做信号色和标志色。

图2–15　黄色尽显华丽高贵的宫廷气息

图2–16　建筑物绿色的外墙和环境融为一体

D绿色　绿色波长适中，是人眼最适应的色光。绿色是大自然的色彩，象征着和平、青春、理想、安逸、新鲜、安全、宁静。嫩绿是初春的色彩，象征着成长、生命和希望，带着青春年少的蓬勃朝气。青绿色是海洋的色彩，是深远、沉着、智慧的象征。

在室内装饰上，绿色或黄绿色能使人感觉到大自然的延伸，被视为一种环保色，它具有祥和、安定的感觉，适合医院等场所的装饰。

图2–16是一座小别墅，建筑物绿色的外墙与周围的自然环境融为一体，给人一种生态和亲切的感觉。

E蓝色　蓝色波长较短，折射角度大，是色彩中最冷的颜色。如万里晴空、浩瀚大海一样，蓝色易引人遐想，它象征着广阔、遥远、高深、爱和尊严。因此，蓝色往往带有沉静、理智、大方、冷淡、神圣的感情。

蓝色具有丰富的色彩表情和广泛的可适应性。明朗的碧蓝富有青春气息，华丽而大方；高明度的浅蓝显得轻快而明澈；低明度的蓝沉静、稳定。深蓝色色度低，易与他色协调，又极具现代感，因此蓝色也广泛用于服装的颜色。图2–17中建筑师把水立方的外墙设计成蓝色，显得理性而富有想象力。

F紫色　紫色波长最短，它所造成的视觉分辨力特别差，色性也极不稳定。在自然界中，紫色因稀少而显得珍贵，代表着高贵、浪漫、奢华，神秘。

在中国古代封建社会，曾把紫色作为君王专用色，南北朝则作为高官、公侯的服饰色；古希腊也把紫色作为国王的专用色，是权利和地位的象征。但有些地方，紫色也被认为是消极的色彩，如在巴西，紫色表示悲伤。紫色不易于与其他色彩搭配，一般不用于大面积的服装色彩，也较少用于环境艺术设计当中。若在紫色中加入白色而成的粉紫色，具有轻柔、优美的情调，可改善纯紫色的消极性，使其具有女性色彩。

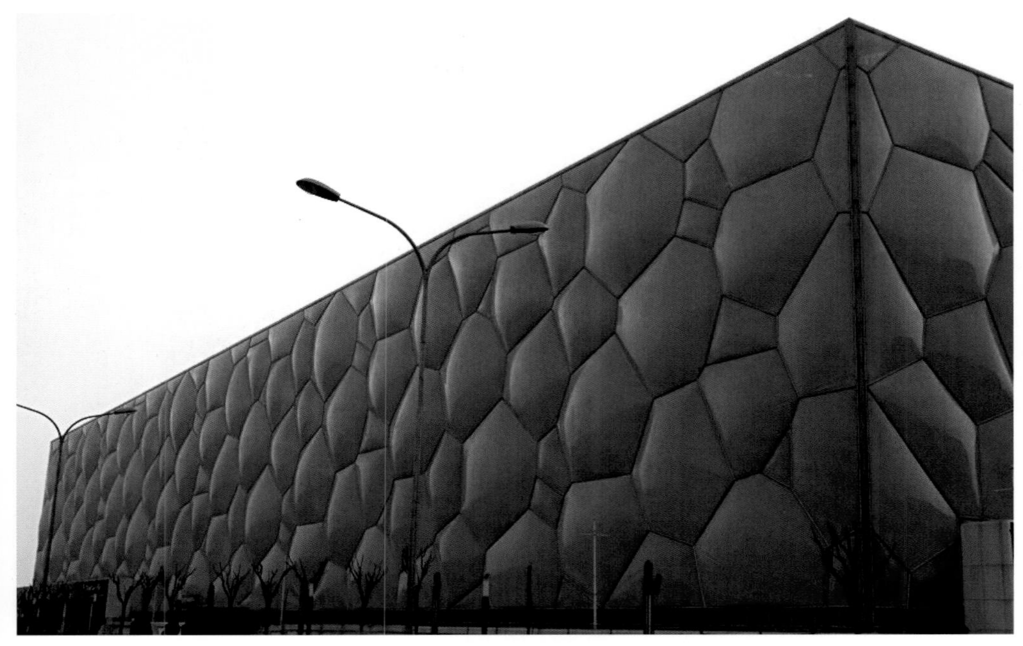

图2-17 水立方蓝色外墙营造出理性而富有想象力的空间

如图2-18所示，以紫色为基调的上海玛妮尔女士餐厅的室内流露出一种高贵、典雅、神秘的情调。

G白色 白色是全部可见光均匀混合成的，称为全色光。象征光明、坦诚、神圣、纯洁、干净，它又是冰、雪、霜、云彩的颜色，让人觉得寒冷、单薄和轻盈。

白色与各色易于搭配，沉闷的颜色与白色搭配，整体效果就会因色调变浅而明亮起来。因此，在环境艺术设计当中，白色的应用最为广泛，不仅建筑的色彩常以白色为主，大量道路、广场以及室内墙面都以白色为主。历史上许多有代表性的建筑选用了白色，各国的政府大楼、皇室宫廷也喜欢用白色为主调。如图2-19，美国的国会大厦纯白的建筑表面，象征着其政权的神圣纯洁。

图2-18 以紫色为基调的上海玛妮尔女士餐厅

图2-19 美国国会大厦以白色调为主，象征权利和地位

图2-20　以汉白玉为主砌成的泰姬·玛哈尔陵墓，建筑的白色在这里象征永恒的爱情

图2-21　法国巴黎市政厅庄严稳重

白色在不同地区和不同民族有不同的象征含义。在我国，白色有多重含义，它既象征着纯粹和纯洁，也表示光明和神圣。同时白色是传统的丧服色，表示哀悼。在不少西方国家，白色象征着爱情的纯洁无瑕，也代表喜庆，是新娘礼服的色彩，有时在建筑中也体现了这一色彩含义。如图2-20，印度闻名世界的建筑——泰姬陵，是以白色的汉白玉为主砌成，象征着沙·贾汗国王和泰姬·玛哈尔王妃之间纯洁和永恒的爱情。

H黑色　黑色是最深暗的颜色，易使人联想到黑暗、悲伤、冷酷、恐怖、神秘、灭亡。大部分国家都用黑色作为丧色。

黑色属于消极色彩，同时又具有庄重、高贵、沉静的性格。以前，在设计中黑色很少用于外部装饰和室内墙面，因为它过于深暗，大面积使用会造成沉闷、压抑的感觉。而现代许多城市建筑中，设计师常用黑色作外部装饰，以表现其庄重和威严。同时，黑色易于与其他色彩搭配，能使其他颜色显得更加明艳。室内采用黑色也是现代设计中较流行的做法，若将黑色使用适当，则显得高雅、自信、神秘、稳重和有力（图2-21）。

I灰色　灰色属于黑白中间色，是完全中性的色彩。纯净的灰色温和、雅致，表现出平凡、中庸、暧昧、含蓄、高雅的性格特征，起着调和各种色相的作用。在现代设计中，灰色是重要的配色元素。

在我们的城市环境中，灰色是最常见的色彩。现代都市随处可见由灰色的钢筋混凝土建造的高楼大厦。城市街道、广场等也多为灰色调。

黑、白、灰在色调组合中十分普遍，是达到色彩和谐的最佳调和剂，它们虽无色相，但是在配色中具有重要的意义，且永不过时。湖南岳阳庙前街就是黑、白、灰协调搭配的典型代表（图2-22）。

（2）色彩与感觉

色彩能引起人们的情感反应。尽管这种反应由于个人生活经历、文化背景和个性特点等因素的影响而略有不同，但由于人类具有某些共同的生理机制、情感体验和生活环境，这些都使人类对外界事物的心理感应存在一定的共性，对色彩也会表现出一些共同的心理体验。

A色彩的冷暖感　色彩的冷暖感不是用客观的温度高低来衡量的，而是人们根据自身的经验习惯而对色彩产生的一种主观心理反应。

图2–22　湖南岳阳庙前街运用黑白灰色彩协调搭配

红色、橙色、黄色等易使人联想到太阳、燃烧的火焰，具有温暖感，所以称为暖色系；青色、蓝色等色彩容易使人联想到大海、远山、冰雪，具有寒冷感，所以称为冷色系。从色彩心理学来考虑，红橙色被定为最暖色，蓝绿色被定为最冷色。它们在色立体上的位置分别为暖极、冷极。离暖极近的色称暖色系，离冷极近的色称冷色系，绿色和紫色称为冷暖的中性色。

无彩色系的色彩相互对比也有微弱的冷暖感，白色是偏冷色，黑色是偏暖色，灰色是中性色。

色彩的冷暖是相比较而言的，由于色彩的对比，其冷暖性质可能会发生变化。如绿色与黄色对比，绿色显得偏冷，而绿色与蓝色对比，则绿色显得偏暖；同属红色系的玫红比大红偏冷，而朱红又比大红偏暖。因此，在研究色彩冷暖关系时，不能孤立地去看待某一色彩而决定其冷暖性质。

色彩的冷暖与明度、纯度变化有关系，同一色彩提高明度后有冷感，降低明度后有暖感；纯度高的色彩相对于纯度低的色彩较偏暖。

暖色使人兴奋，但易让人疲劳和烦躁；冷色使人镇静，但易让人感到沉重、忧郁。进行建筑装饰时，应根据不同情况而设计冷暖色调。

B色彩的轻重感　色彩的轻重感主要取决于色彩的明度，其次为纯度，色相对色彩的轻重感影响为最弱。一般情况下，高明度色具有轻感，低明度色具有重感。白色最轻，黑色最重。

从图2–23中可以看到，运用白色的顶部装饰造型与四周深灰色的墙面形成对比，整个空间显得十分轻盈别致，以避免在视觉上给人压迫之感。

由于色彩的前进感或后退感等给予人们的错觉，所以在同一明度、同一色相的条件下，纯度高的色彩感觉较轻，纯度低的色彩感觉较重。

色相对颜色的轻重感的影响微不足道，暖色系略轻，冷色系略重。

C色彩的软硬感　色彩的软硬感取决于明度和纯度。明度低，纯度高的色彩有坚硬感；明度高，纯度低的色彩具有柔软感。中性色系的绿色和紫色有柔和感，无彩色系中的黑有坚硬的感觉，灰色则有柔软的效果。

图2–24是以明度较高而纯度偏低的粉色系为主，视觉上给人一种柔软而温馨的感觉。

D色彩的华丽与朴素感　色彩还会给人华丽或朴素的感觉。明度高、纯度也高的色彩显得鲜艳、华丽，如皇宫、剧院等（图2–25）；纯度低、明度也低的色显得朴实、

图2–23　某高校学院咖啡厅室内的顶部运用白色造型避免压迫感

稳重，如中国古代的寺庙、私家园林等（图2–26）。

红橙色系容易有华丽感，如中国古代宫廷的服饰以及建筑都是以红、黄色为主来进行设计的。相比之下，冷色系就显得文雅、朴素、沉着，如现代的商务办公建筑、科技大楼、实验室等多采用蓝色。

E色彩的活泼与忧郁感　充满阳光的房间有轻快活泼的气氛，而光线较暗的房间则显得苦闷忧郁，因此以红、橙、黄等暖色为主色调的明亮纯色让人觉得活泼（图2–27），而蓝绿色等冷色系的暗色给人忧郁感（图2–28）。活泼和忧郁是以色彩明度与纯度的高低并伴随色相冷暖特性所产生的综合感觉。通常情况下，亮色是明快

图2–24　低纯度的粉色调卧室显得柔软而温馨

图2–25　以红黄色系为主的北京故宫，体现了华丽的建筑风格以及皇权的威严

活泼的，暗色是压抑忧郁的，灰色是中性的。

F色彩的兴奋与沉静感　色彩的兴奋与沉静感与色相、明度、纯度都有关系，其中与纯度的关系最大。

从色相来说，纯度高的颜色给人兴奋感，纯度低的颜色给人沉静感；美国的迪斯尼乐园是专为儿童设计的俱乐部，其总部（图2–29）的设计也采用饱和的橘黄色，加上富有曲线的夸张外型，使人兴致高昂、跃跃欲试，符合儿童的心理需求。

从图2–29和图2–30的对比中我们不难发现这一规律：从明度方面来看，明度高的色彩具有兴奋感，明度低的色彩具有沉静感；而在纯度方面，纯度高的色彩具有兴奋感，纯度低的色彩具有沉静感；从色调的对比来说，强对比色调具有兴奋感，弱对比色调具有沉静感。

G色彩的疲劳感　纯度高的色对人刺激较大，易使人产生疲劳感。一般情况下，暖色较冷色更易产生疲劳感。

现代设计中，工厂车间、办公室等场所通常使用偏冷的绿色调，有助于消除工作人员的疲劳感，如图2–31所示。又如图2–32，室内为浅绿色调，在紧张地工作之后，回到以绿色装饰的家中，能改善心情，消除疲惫，同时让人感到一种回归自然的亲切感，所以在家居设计中绿色调很受人们喜爱。

图2–26　朴素色调的苏州园林，流露出一种淳朴、低调的闲情逸致

图2–27　明亮的暖色调起居室具有活泼感

图2–28　光线较暗的冷色调室内空间透出一丝忧郁感

图2-29　美国迪斯尼总部采用明度高的暖黄色系来进行外墙装饰，符合儿童审美心理

图2-30　明度低的室内空间给人一种沉静感

图2-31　韩国某公司办公区采用绿色调以消除工作人员的疲劳感

图2-32　浅绿色的家居空间让人感到一种回归自然的亲切感

思考题：

1. 理解光与色的关系，并分析不同光的波长给人们在色彩感觉上带来的差异。
2. 什么是色彩的三要素？并分析它们之间的互相联系和互相影响。
3. 什么是色彩的近似统一和矛盾统一？
4. 运用色彩的对比和统一的理论，分析校园某一建筑群的色彩关系。
5. 什么是色彩的视知觉？怎样理解色彩表情？

第3章　国际自然色彩系统及检测

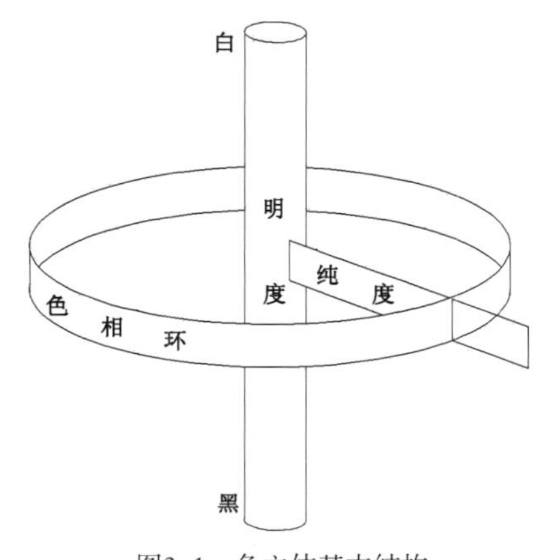

图3-1　色立体基本结构

任何一个色彩都有它的相貌名称、明亮位置、鲜艳程度，即色相（H）、明度（V）和纯度（C），称之为色彩三属性。色彩的体系就是将色彩按照三属性，有秩序地进行整理、分类而组成的色彩体系。这种体系如果借助于三维空间形式来同时体现色彩的色相、明度和纯度之间的关系，则被称之为“色立体”。

色立体的基本结构如图3-1所示，其中心是一根表示明度阶段的垂直轴，往上明度渐高，以白色为顶点，往下明度渐低，直到黑色为止。以明度轴为中心，同一色相以纯度阶段沿水平方向向外辐射。愈接近明度轴，纯度愈低；愈远离明度轴，纯度愈高。

国际上色彩表示体系有很多，具有代表性的体系主要有以下四家：

- Munsell（孟塞尔标色体系）
- Ostwald（奥斯特瓦尔德标色体系）
- PCCS（日本色彩研究所色彩体系）
- CIE1931-XYZ色彩系统（国际照明委员会）

3.1　孟塞尔标色体系

孟塞尔（Albert H . Munsell，1858～1918）是美国色彩学家，于1915年发表了《孟塞尔色彩体系图》，他采用十进位计数法描述色彩。美国光学会（OSA）对他所出的表色体系进行多年反复测定并几度修订，并于1943年发表了“修正孟塞尔色彩体系”文件，使该体系成为国际上通用的标准色系。

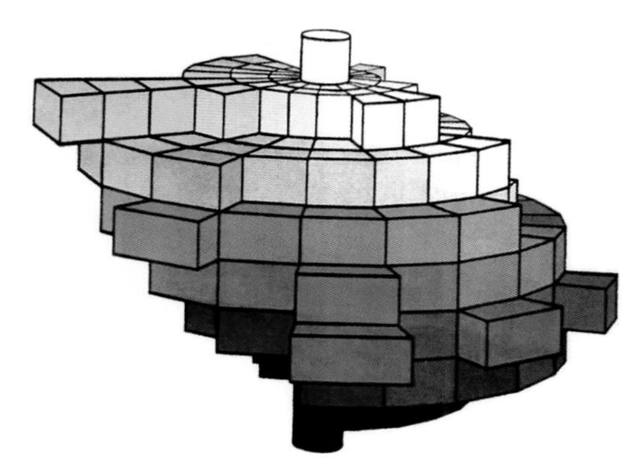
图3-2　孟塞尔色立体

孟塞尔色立体（图3-2）是根据颜色的视知觉特点所制定的颜色分类和

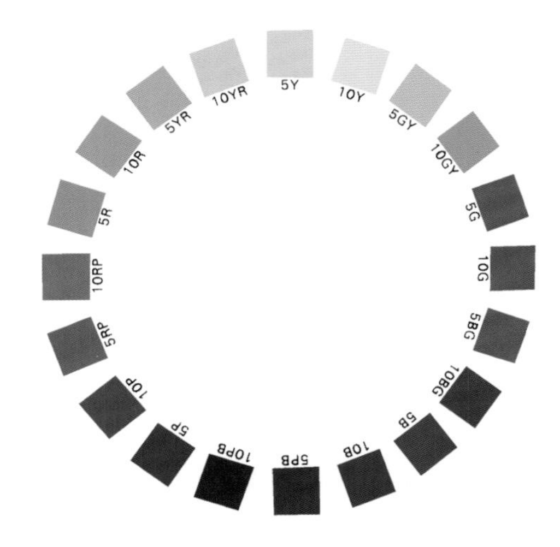

图3-3 孟塞尔色相环

标准系统，它用一个三维空间的类似球体的模型把各种表面色的三种基本属性即色相、明度和纯度全部表示出来。在立体模型中的每一部位各代表一个特定颜色，并给予一定的标号。

3.1.1 孟塞尔色相表示

孟塞尔色彩体系以红（R）、黄（Y）、绿（G）、蓝（B）、紫（P）五种颜色为基础，这五个基本色相的相邻两色相混形成10个主要色相：红（R）、红黄（RY）、黄（Y）、黄绿（YG）、绿（G）、蓝绿（BG）、蓝（B）、蓝紫（BP）、紫（P），红紫（RP）。这10个色相每个再细分为10个色相。每个色相用数字表示，共100个刻度，这就是孟塞尔色相环（图3-3）。每一色相都以5为主要色相。

3.1.2 孟塞尔明度表示

色立体中心轴表示明度，由下至上按黑→灰→白的顺序用0~10共11个等级来表示。白色明度值为10，黑色明度值为0。这个垂直的明度标尺又称“无彩度轴”或“N”轴。

3.1.3 孟塞尔纯度表示

色立体由中心轴向外横向水平线为纯度轴，离N轴越远，纯度越高。色立体最外层的色是纯色，由外层向中心轴逐渐变化至纯度为0。例如图3-4所表示的就是孟塞尔色体系5R-5BG色调图。

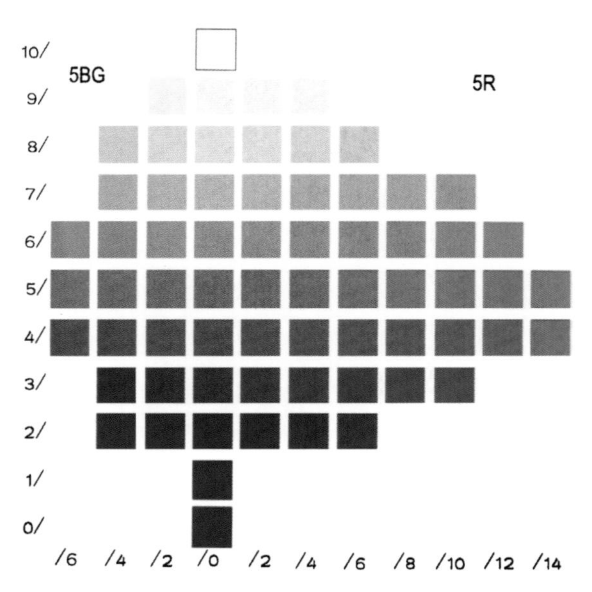

图3-4 孟塞尔色体系5R-5BG色调图

3.1.4 孟塞尔表色方式

HV/C（色相、明度/纯度）

如孟塞尔10个主要色相分别为：红——5R4/14；黄红——5YR6/12；黄——5Y8/12；黄绿——5YG7/10；绿——5G5/8；蓝绿——5BG4/6；蓝——5B4/8；蓝紫——5BP3/12；紫——5P4/12；红紫——5RP4/12。

孟塞尔标色体系在建筑中是最为适用的标色体系，色感上容易被建筑设计人员所理解和接受。但该体系在某些色相和明度上的划分过于含糊，值得进一步探讨和研究。

3.2 奥斯特瓦尔德标色体系

奥斯特瓦尔德（Friedrich Wilhelm Ostwald，1853~1932年），德国物理化学家，主要从事催化作用、化学平衡以及反应速度的研究，于1909年获得诺贝尔化学奖，创立了以其本人名字命名的表色空间体系。

奥斯特瓦尔德色立体就是以黑、白、纯色为顶点，并将W～B无彩轴作为垂直轴，回转色相三角形时形成的一复圆锥体，如图3-5所示。它是以色彩视知觉原理为基础，以整齐简约的定量关系形成的。

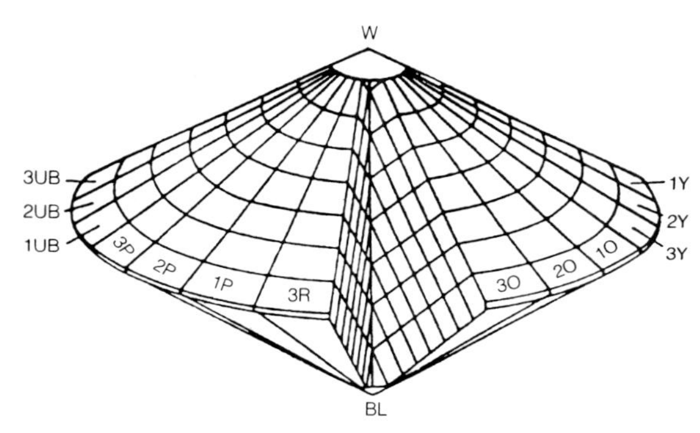

图3-5 奥斯特瓦尔德色立体

3.2.1 奥斯特瓦尔德色相表示

奥斯特瓦尔德颜色系统的基本色相为黄（Y）、橙（O）、红（R）、紫（P）、蓝（UB）、蓝绿（T）、海绿（SG）、黄绿（LG）8个主要色相，每个基本色相又分为左、中、右三部分，组成24个分割的色相环，从1号排列到24号（图3-6）。

奥斯特瓦尔德的色块均是由纯色与适量的黑白混合而成，一切色彩的明度、纯度的变化均是含黑量、含白量、含色量的变化，任何一个色彩三者的总量为100。其关系为：

白量W+黑量B+纯色量C=100

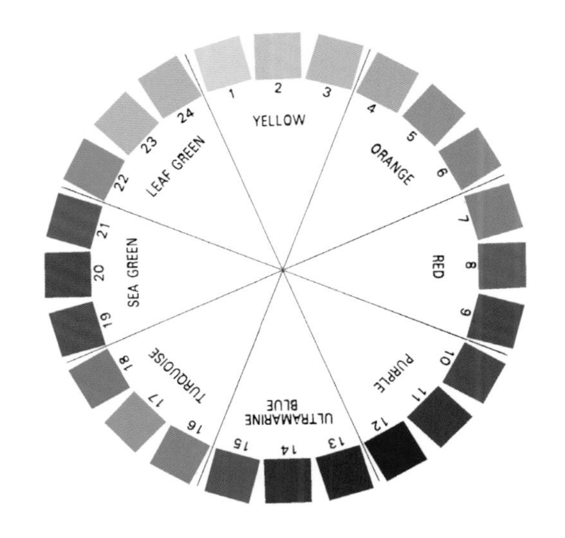

图3-6 奥斯特瓦尔德色相环

3.2.2 奥斯特瓦尔德明度表示

奥斯特瓦尔德明度分为8个梯级，附以a、c、e、g、i、l、n、p的记号。a表示最明亮的色标——白，p表示最暗的色标——黑，其间有6个阶段的灰色。各明度记号中的白、黑含量见表3-1所示。

奥斯特瓦尔德明度记号中的白、黑含量　　　　表3-1

记号	a	c	e	g	i	l	n	p
白量（W）	89	56	35	22	14	8.9	5.6	3.5
黑量（B）	11	44	65	78	86	91.9	94.4	96.5

3.2.3　奥斯特瓦尔德纯度表示

把无彩轴作为垂直轴，越远离该轴，色的纯度就越高。以此为边长作一个正三角形，在其顶点配以各色的纯色色标，就成了奥斯特瓦尔德等色相三角形（图3-7）。

在同色三角形上无彩色系列从黑到白（B～W）是明度变化，为10个级差；从白到最高纯度（W～C）为纯度变化。在这个方向的变化中，每行只有含色量和含白量的变化，而含黑量则是固定不变的。因此，这个方向的变化称做“等黑系列”。从黑到最高纯度（B～C）也是纯度变化，只是在这个方向的变化中，每行只有含黑量和含色量的变化，而含白量是不变的，因此称之为“等白系列”。

奥斯特瓦尔德颜色系统共包括24个等色相三角形。每个三角形共分为28个菱形，每个菱形都附以记号，用来表示该色标所含白与黑的量。例如某纯色色标为ia，i是含白量14% ，a是含黑量11%，则其中所包含的纯色量为：100-（14+11）/100=75% 。我们从图3-7的奥斯特瓦尔德等色相三角形上也可以直接查得ia所含的纯色量。

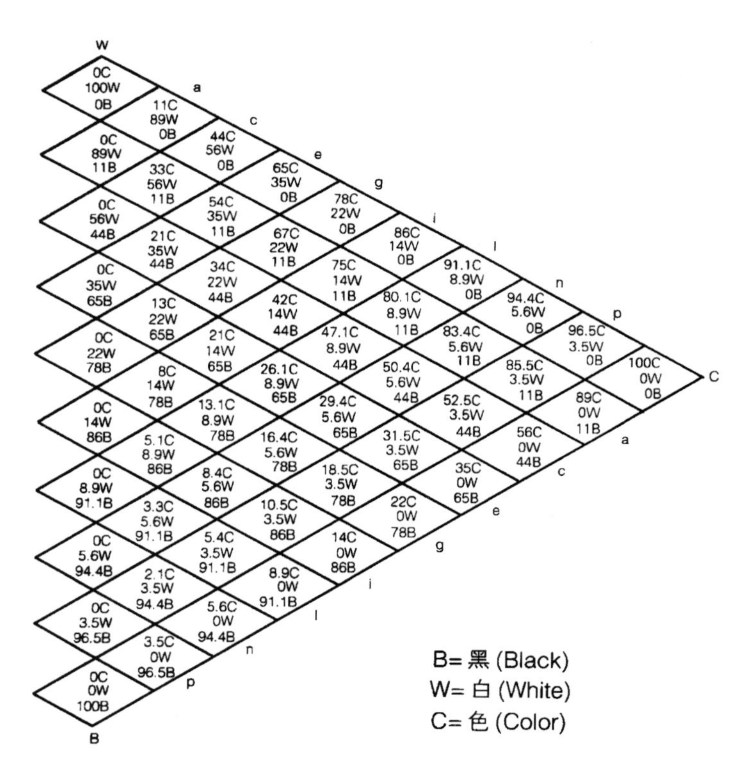

图3-7　奥斯特瓦尔德等色相三角形

3.2.4　奥斯瓦尔德表色方式

色相用数字1～24表示（见图3-6所示奥斯特瓦尔德色相环），明度和纯度以字母组合来表示。如20ia，从奥斯特瓦尔德色相环上得知20代表的色相是2SG（绿），ia的含义我们前面已经解释过了，ia所含绿色的纯色量为75%。这是一个明度较低、纯度较高的深绿色。

奥斯特瓦尔德色系的色相三角形为色彩搭配特性显示了清晰的规律性变化，作为一种配方的指导很方便，但是，等色相三角形的建立限制了颜色的数量，如果又发现了新的、更饱和的颜色，在图上就很难再表现出来。另外，等色相三角形上的颜色都是某一饱和色与黑和白的混合色，黑和白的色度坐标在理论上是不变的，故同一等色相三角形上的颜色都有相同的主波长，只是饱和度不同而已，这与心理颜色不相符。此外，该体系没有描述明度的属性，在建筑中使用也不方便。

3.3　P.C.C.S.（日本色彩研究所研究体系）

P.C.C.S.（Practical Color-Coordinate System日本色彩研究所研究体系）,是由日本色彩研究所对孟塞尔和奥斯特瓦尔德两种色立体加以综合研究，于1964年发表的色立体的色彩设计应用体系，主要是以色彩调和为目的。明度和彩度在这里结合成为色调，P.C.C.S.系统将色彩的三属性关系，综合成色相与色调两种观念来构成色彩系列。

3.3.1　P.C.C.S.色相表示

P.C.C.S.色相环以红（R）、黄（Y）、蓝（B）为三主色，由红色和黄色产生间色——橙（O），黄色与蓝色产生间色——绿（G），蓝色与红色产生间色——紫（P），组成六色相。在这六个色相中，每两个色相再分别调出三个色相，便组成24色色相环（图3-8）。并以1~24编号标定，其中偶数的12色相是色彩教育用标准色相。

3.3.2　P.C.C.S.明度表示

P.C.C.S.按视感等差划分为9个明度等级，黑为1，灰调顺次是2.4、3.5、4.5、5.5、6.5、7.5、8.5，白就是9.5。越靠向白，亮度越高；越靠向黑，亮度越低。通俗的划分，有最高、高、略高、中、略低、低、最低7个明度区域。在9级中间，如果加上它们的分界级，即2、3、4、5、6、7、8、9，一共17个亮度级。

3.3.3　P.C.C.S.纯度表示

P.C.C.S.纯度是以S来标示。它吸取了奥斯特瓦尔德色系的各纯色的纯度等价性的特点，从实际得到的色料中，以无彩轴为起点，沿水平横轴方向伸展开，等距离地划分出9个阶段，越靠近

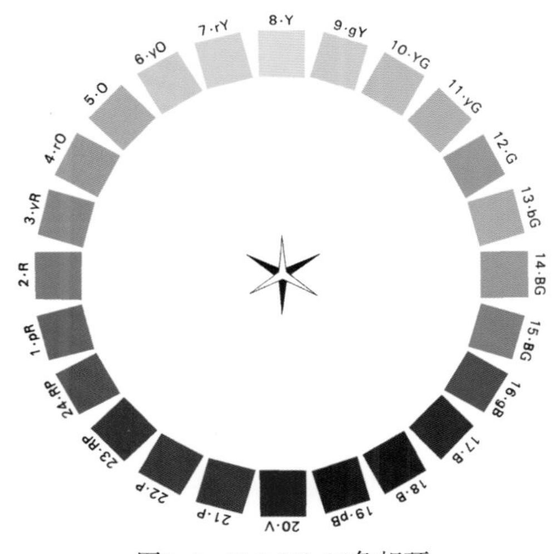

图3-8　P.C.C.S. 24色相环

无彩轴，纯度便越低；离无彩轴越远，纯度则越高，端点便是纯色。这9个阶段，又从灰到艳，分别定义1S~3S 、4S~6S、7S~9S为低纯度区、中纯度区和高纯度区。

P.C.C.S.系统将明度和纯度综合起来，用色调来描述。无彩色有5个色调：白、浅灰、中灰、暗灰、黑；有彩色则分为鲜色调、加白的明色调、浅色调、淡色调，以及加黑的深色调、暗色调，加灰的纯色调、浅灰调、灰色调、暗灰色调。每一色调包括该区域的全部色相，而同一色调的各色并不在明度上很一致。9个色调以24色相为主体，分别以清色系、暗色系、纯色系、浊色系色彩命名。9组不同明度、不同纯度的色调如表3-2所示。

P.C.C.S.系统9组不同明度、不同纯度的色调　　表3-2

色组类别	色　调	色　系
v	纯色调	纯色系
b	中明调	
Lt	明色调	清色系
p	明灰调	
d	浊色调	浊色系
dp	中暗调	暗色系
dk	暗色调	
Ltg	中灰调	浊色系
g	暗灰调	

P.C.C.S.平面展示了每一个色相的明度关系和纯度关系，对配色与色彩设计有明显的实用价值，为众多的设计师与艺术家所青睐。

3.4　CIE1931-XYZ系统

CIE（Commission International de L’Eclairage ，国际照明委员会）其前身是1900年成立的国际光度委员会（International Photometric Commission：IPC），1913年改为现名，总部设在奥地利维也纳。1931年发表《XYZ体系的色彩比表示法》，作为国际测色标准，属于混色系的光学表示方法。

国际照明委员会（CIE）规定红、绿、蓝三原色的波长分别为700nm、546.1nm、435.8nm，自然界中各种原色都能由这三种原色光按一定比例混合而成。在色光加色法中，红、绿、蓝三原色光按等比例混合的结果即为白光：（R）+（G）+（B）=（W）。

在以上定义的基础上，人们定义这样的一组公式：

$$r=R/(R+G+B)$$
$$g=G/(R+G+B)$$
$$b=B/(R+G+B)$$

由于r+g+b=1，所以只用给出r和g的值，就能唯一地确定一种颜色。这样就可将光谱中的所有颜色表示在一个二维的平面内。由此便建立了1931 CIE-RGB表色系统。但是，在上面的表示方法中，r和g值会出现负数。由于实际上不存在负的光强，因此，1931年在RGB系统的基础上，用数学方法，选用三个理想的原色来代替实际的三原色，从而将CIE-RGB系统中的光谱三刺激$\bar{r}$、$\bar{g}$、$\bar{b}$和色度坐标r、g、b均变为正值。

在图3-9所示的1931CIE色度图中，x色度坐标相当于红原色的比例，y色度坐标相当于绿原色的比例，沿着x轴正方向红色越来越纯，绿色则沿y轴正方向变得更纯，最纯的蓝色位于靠近坐标原点的位置。中心的白光点E的饱和度最低，光源轨迹线上饱和度最高。如果将光谱轨迹上表示不同色光波长点与色度图中心的白光点E相连，则可以将色度图划分为各种不同的颜色区域，任一点的位置代表了一种色彩的颜色特征，如图3-10所示。因此，只要计算出某颜色的色度坐标x、y，就可以在色度中明确地定出它的颜色特征。再加上亮度因数Y=100ρ（ρ=物体表面的亮度/入射光源的亮度=Y/Y_0），则该颜色的外貌便完全唯一地确定下来了。

CIE标准色系是一种心理物理的标色体系，按照CIE标准色度体系进行颜色测量时，首先测量光线的光谱分布（物理量），其次以光谱的三刺激值（心理量）为媒质，表示出颜色测量值。

CIE表色法是一种高度机械化的测色方法，但由于仪器价格昂贵等原因，目前尚未普遍应用。

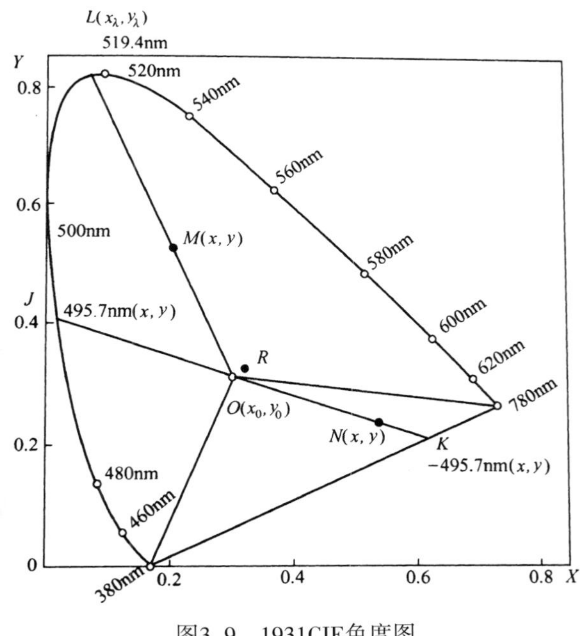

图3-9　1931CIE色度图

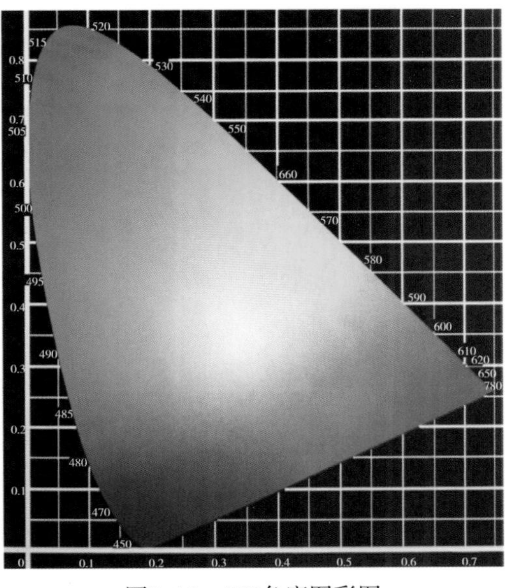

图3-10　CIE色度图彩图

3.5 中国的颜色系统

中国颜色系统主要有中国颜色体系和CNCS中国应用色彩体系。

中国的第一个颜色体系是由国家技术监督局于1995年6月发布的《中国颜色体系GB/T15608—1995》(The Chinese Color System),并从第二年2月开始实施。这就是中华人民共和国颜色体系的国家标准。在发表该标准的同时,也发布了《中国颜色体系样册》(Colour Album of Chinese Colour System)。这一色彩体系采用颜色三属性(色调、明度、彩度)作为颜色空间的三维坐标,并以红、黄、绿、蓝、紫五基色为色调环上的主色。色调环按逆时针方向排列,与CIE1931色度图保持一致。标号方法和孟塞尔表色系统相同,为了和孟塞尔区分开来,通常在色标前加以BG字样,如BG 5R4/14(红)、BG 5BG4/6(蓝绿)。10年后对该系统又进行了修订,即《中国颜色体系》GB/T15608—2006。修订后的国家标准从原来的1500组数据增加到5300组数据,是目前世界上包含数据最丰富的颜色标准。这套标准数值在全色彩空间范围内具有空间连续性、曲面或曲线光滑与闭合特性,因此,非常准确地表达了色彩空间的信息内容和中国人对颜色感受的信息。依据这套颜色体系,还设计了供建筑行业使用的实物颜色标准《中国建筑色卡》,共1026色,它按照人的视觉特点确定的颜色量值制成颜色实物标准样品,是表述建筑颜色的科学化工具。

2001年开始,中国纺织信息中心承担了科技部"中国应用色彩研究项目",以中国国家色彩标准为理论基础,结合产业界的要求于2002年建立了中国应用色彩体系——CNCS系统。该体系使用科学的编码方式,确保每一个色彩对应一个唯一的编号,用色彩及对应的编号构成了CNCS系统的主体。2006年,中国纺织信息中心对该体系进行了调整,完成第二版颜色体系的试制,同时,开展了数字化色彩和数字化流行色彩的研究,将CNCS系统同数字化色彩接轨,在此基础上,完成了CNCS纺织颜色标准的制作。

近年来,国际上对于颜色体系的研究和应用愈来愈重视,国际颜色学会(AIC)、国际标准化组织(ISO)及国际照明委员会(CIE)均曾讨论过颜色标准化的问题,但由于颜色体系具有地域性的特点,适用于白种人的颜色视觉研究结果不适合作为黄色人种的颜色应用标准,因此,时至今日还没有一个能被各国一致公认的标准颜色体系。

思考题:

1. 什么是色立体?并理解色立体的基本结构。
2. 有代表性的国际色彩表现体系有哪几种?并分析它们各自的特点。
3. 已知某纯色色标为na,这是什么表色体系?其所含纯色量为多少?

第4章　影响建筑色彩文化的几个因素

影响色彩文化的因素包括自然环境和人文环境两方面。自然环境是指地球表层各自然要素如水体、大气、天空、植被、山脉等；人文环境是指社会的经济、科技、哲学、宗教、政治、文化、礼俗等。色彩体现文化主要表现在四个方面：地域性、文化性、宗教性和民族性。

4.1　地域因素

建筑色彩的地域性是指特定地区的自然地貌、气候条件、生态物种等对建筑色彩的长期反映和作用而形成的特征。

人们最开始对色彩的接受和创造是来自于他们所生活的环境。各地区色彩传统的形成往往包含着他们对周围环境色彩的模仿或对某种稀缺色彩的渴求。色彩传统在相对封闭的环境中保持较稳定的态势，形成独特的色彩文化并代代传承。例如，汉族最早生活在黄河流域，自然环境的主色调是黄色，因此，千百年来汉族对黄色情有独钟。生活在“世界屋脊”的藏族崇拜神圣的雪山，所以白色是他们眼中至高无上的颜色。但高原高寒的环境又使他们对火产生亲近的心理，因而红黄等暖色调也深受藏民喜爱。在古埃及，绿色有着重要意义。古埃及地处沙漠，珍贵的绿色在广袤的沙漠中象征着生命。埃及人的母亲河尼罗河更是给古埃及人带来了肥沃的绿洲，象征着河水的蓝绿色对古埃及人意味着不断注入的生命力。因此，古埃及人崇尚绿色，现代埃及人依然把绿色视为永恒的色彩。

色彩文化中还体现了自然环境对该地区民族审美趣味形成的影响。例如，日本的自然环境是日本色彩文化形成的重要因素之一。日本是一个多山环海的国家，气候温和湿润，四季萦绕的雾霭使美丽的景色朦胧而富于变化。日本的自然景观也大多小巧纤丽，平稳而沉静。在这样的自然环境中，人们形成了简素淡雅的审美趣味。因此，日本人一直以来崇尚自然色和朴素的色彩。在日本建筑中，多采用以接近自然色为主的朴素的色彩，甚至很多部分不上颜色，以显露材料本身的色彩为美，如图4-1所示。

建筑色彩直接受到气候条件的影响。美国Faber Brirren和Harry Walker Henpner提出了日照时间和色彩喜好的关系理论。在日照时间较长的地区里，人们喜好暖色调或鲜艳的颜色。如生活在赤道附近地区的人们几乎都对鲜艳的色彩情有独钟。这些地区的建筑外墙多为红、粉红、黄、白色等鲜艳的颜色，内墙多为绿色、青绿色等冷色系的颜色。希腊爱琴海上的星罗棋布的岛屿，四季普照明媚的阳光，空气清新，孕育了美丽的白墙建筑，形成了当地独特的地中海式景观，如图4-2所示。

图4-1　以显露材料本色为美的日本民居

图4-2　希腊白色调建筑

日照时间较少，雨季长的地区的人们一般喜欢使用冷色和灰色系的颜色。这类地区的建筑外墙一般使用绿色、蓝色和灰色系的颜色。比如，中国江南水乡雨季较长，总是烟雨朦胧，中国江南建筑多以大片白色粉墙为基调，配以黑灰色青瓦，褐色或原木色梁柱、门窗，与灰色砖地面形成素雅明快的色彩，如图4-3所示。

气温不同的地区建筑色彩也会有所区别。热带地区生物生长周期短，变化快，在这种环境下长期居住的人容易接受对比强烈的色彩。而长期生活在寒带的人们，对自然变化的节奏感觉会相应迟钝些，生活节奏也会相对缓慢，所以偏爱柔和沉着的色调。一般来说，严寒地区的建筑色彩多以暖色调为主，炎热地区多以冷色调为主。建筑色彩在这里起到调节人的心理温度的作用。如阿拉伯地区的伊斯兰建筑，多偏蓝绿色，给人安静清凉的感觉。

另外，地域性建筑色彩还与该地区的土壤、石头、木材等建筑材料有关。欧洲的石文化，亚洲国家的木文化，黄河流域的土文化等都是地域资源所孕育的文化。其建筑色彩文化也就是从这些建筑资源的颜色为基础所衍生的。比如，意大利Umbria地区盛产粉红色的石头，所以此地区的建筑多用粉红色或类似的暖色调材料建造，如图4-4所示。

图4-3　江南水乡建筑多以白墙青瓦为主而形成的素雅明快的色调

图4-4　意大利Umbria地区盛产粉红色石头，该地区建筑多呈粉红色调

4.2 文化因素

建筑色彩包含着丰富的文化内涵。色彩的产生和发展本身反映出人的生命与意识发展的历史进程。史前人类在几百万年之前，就已随着昼夜交替和生命的更迭，产生了感受明暗和色彩的机能。原始色彩活动最常见的为黑、白和红色。蒙蒙混沌，黑白始分。人类对色彩的认知不约而同地都是从象征光明的白和象征夜晚的黑开始的，而红色则是人和动物血液的色彩。原始人在战争或狩猎中发现，人或动物一旦失去了红色的血液，便很快失去了生命。所以，我们在非洲、欧洲、亚洲的许多史前遗址中都发现了原始人类在墓葬中把红色的铁矿粉撒在死者的周围。最早的原始饰物染色也是使用红色。而现代的澳洲土著人，至今仍保留着用鲜血和矿物质颜料来画身的习惯。人类最初使用色彩的同一，其实源自人类色彩原始的同一。这种色彩本能使人类形成过程中长期发展成的最基本的潜能，使人类进行色彩创造的内在核心和永恒的动力。

哲学思维对色彩文化有着不可估量的影响。从东西方的总体思维方式对比来看，西方文化偏好发散性思维，色彩选择上更倾向于丰富鲜艳的色彩。而东方文化强调内敛、自省和感悟，因此色彩选择相对朴素淡雅的色彩。

具体到某一文化内部，哲学主流与色彩文化之间的关系往往是相呼应的。比如，构成中国文化主脉的儒道两家对中国的色彩文化有着极大的推动作用。儒家以“仁”为核心出发，竭力用“礼”规范社会，色彩也成为礼制规范的一部分。儒家将红、黄、青、白、黑定为正色，由此形成中国传统的五色体系。道家则坚持“道法自然”，主张顺应自然，回归原始混沌。因此在色彩观念上，他们认为“五色令人目盲”，原始的黑色成为道家最为推崇的色彩。

色彩本身是没有含义的，但中国历代统治者都赋予色彩以等级的礼制要求。如中国最早的木构建筑基本上是建材的原始本色，几乎没有人为加工。自春秋起，建筑色彩常常为统治者的意识形态所左右，具有一定的等级含义。在周代，红色为天子专用，宫殿的柱、墙、台基和某些用具都要涂成红色。《礼记》中就规定了不同等级的建筑中柱子的用色：“……品官房舍门窗户牖不得用丹漆。……六品至九品厅堂梁栋只用粉青饰之。……公侯以下……梁栋许画五彩杂花，柱用素油，门用黑饰，官员住屋，中梁贴金，二品以上官，正屋得立望兽，余不得擅用”等等。至汉代，宫殿与官署亦大多为红色，但除上述五正色外，人们还在建筑中用几种色彩相互对比或穿插，并对构成的图案予以明确定义：青与赤谓之文，赤与白谓之章，白与黑谓之黼，五彩谓之绣。到南北朝、隋、唐时的宫殿、庙宇、府第则多用白墙、红柱，或在柱、枋、斗拱上绘有各种彩画，屋顶覆以灰瓦、黑瓦及少数琉璃瓦，并有意使背脊与瓦采用不同颜色。宋、金时期的宫殿建筑则逐步开始使用白石台基，红墙、红柱：红门窗，黄绿各色的琉璃屋顶，并在檐下绘上金、青、绿等色的彩画。建筑色彩的等级要求到明代时已总结出了一套完整的理论：

（1）宫殿屋顶的色彩以黄色琉璃瓦为最尊贵，为帝王特准的建筑（如孔庙）所专用。

图4–5　北京天坛祈年殿墙柱采用红色，屋顶则采用蓝绿色

（2）宫殿以下如坛庙、王府、寺观按等级分别用黄绿混合、绿色、绿灰混合。

（3）民居等级最低，只能用灰色陶瓦。

（4）主要建筑的殿身、墙身、可用红色，次要建筑的木结构可用绿色，民居、园林则用红、绿、棕、黑等色。

清代基本沿用前制，皇宫周围的一些重要建筑墙柱主要采用红色，屋顶则呈现绿色（如图4–5所示），而其他的北京民间建筑颜色大多是灰色。

色彩还常常与日期、方位等相对应。如泰国用颜色表示一周内的日期：红色代表星期天、黄色代表星期一、然后依次是粉红色、绿色、橙色、淡蓝色、紫红色。有的泰国人还按日期穿不同色彩的衣服。在美国也有以不同的颜色来表示十二个月份的现象，还用黑、黄、青、灰表示东、南、西、北四个方位。这与我国古代“东方谓之青、南方谓之赤、西方谓之白、北方谓之黑。天谓之玄、地谓之黄”的说法有相同之处，当然，具体方位在不同地区和民族，所对应的颜色有所区别。

色彩喜好的风格上也反映出东西方艺术传统和艺术观念的不同，东方传统艺术重表现，西方传统艺术重再现。东方传统色彩总体表现上也偏重于感情和意象，色彩中包含自省和感悟的成分更多，这种色彩表现意在直达人类艺术精神的深层层面。在中国的文人画中，这种意象观念使当时的艺术家选择最原始的颜色——黑、白，色彩在这里主要并非再现物体本身，而更多具有一种精神性意象，形成了中国国画中特有的“水墨为上”的审美趣味。相比而言，西方传统色彩表现的主流是关注美与真的统一，色彩表现中带有明显的再现因素，属于色彩模仿物象的范畴。在西方艺术史上可以看到，自古希腊开始到印象主义，欧洲古代色彩主要在再现色彩感觉方面为主导的方向上发展。

从审美文化史看，离开了色彩就无从审视视觉艺术。以色彩为线索，可以看到艺术发展的轨迹。西方的色彩象征源于古埃及，他们最开始偏好以白色为主的单纯颜色。古埃及色彩文化对古希腊产生了很大的影响，古希腊保留了古埃及白、黑、红、蓝色等主要象征色彩。如帕提农神庙的主色为白色，古希腊盛期在建筑上部的浮雕纹样，曾被涂以红色、金色和蓝色。古罗马帝国前期的色彩主要倾向于在白色与黑色的基础上有节制的使用红、黄、绿、淡紫几种的颜色。如这个时期的规模宏伟的万神庙的科林斯柱头用白色大理石，而柱身使用的是暗红色的花岗石。在古罗马帝国后期，随着古典精神的衰落和基督教的兴起，形成新的色彩文化。后来，基督教给欧洲带去了以红色为主的多彩世界，渐渐形成了以基督教为主的欧洲文化圈的色彩倾向。如当时的哥特式教堂的色彩艺术发展中，形成了建筑的外部以红、橙、绿、土黄、黑、白为主；内部色彩以金色、黑色、红色、藏青色、胭脂红等为主，这都与基督教的色彩象征有关。接下来300年的文艺复兴则更进一步发展了再现精细色彩的方法和能力，“空气透视法”的发现及油画技法的成熟都使色彩再现自然的能力大大加强。文艺复兴时期，意大利的人民热爱丰富而强烈的色彩，当时佛罗伦萨不论建筑外部和室内装饰、人们的衣着都以华丽鲜明的色彩为美。到了19世纪，借助牛顿的光谱色原理，用最新鲜的颜色捕捉瞬间印象的印象派画家又创造了一次艺术史上的色彩革命。

色彩作为艺术表现的一个领域，与艺术的其他领域总是存在着互相交融、彼此影响的关系。有位哲学家曾说过：建筑是凝固的音乐。除了建筑形体所造成的音乐感以外，色彩与音乐存在着不仅是精神上而且还有物理上的必然联系。最具说法力的例子是：俄国作曲家史克里雅宾（A·Scriabin，1872～1915年）就试图在他的第五交响曲表达一个“音乐与色彩水乳交融”的构想。他还精确地罗列了曲调、每秒震动次数和色彩的对应表（表4-1）。

史克里雅宾的第五交响曲中曲调、每秒振动次数和色彩的对应表　　表4-1

曲　调	每次振动次数	色　彩
C调	256次	红色
升C调	277次	紫色
D调	298次	黄色
升D调	319次	森林的钢铁之光
E调	341次	珍珠白和月光的闪烁
F调	362次	暗红色
升F调	383次	水蓝色
G调	405次	偏玫瑰红的橙色
A调	447次	绿色
B调	490次	珍珠蓝

这个对应表后来得到抽象绘画的创始人——康定斯基（W·Kandinsky，1866～1944年）的青睐，并将它作为其绘画理论的根据。他指出我们不仅能从音乐中“听见”颜色，并且也能从色彩中“看到”声音：黄色具有一种特殊能力，可以愈“升”愈高，达到眼睛和精神所无法忍受的高度，如同愈吹愈高的小喇叭会变得愈来愈“尖锐”，刺痛耳朵和精神。蓝色具有完全相反的能力，会“降到”无限深，以其雄伟的低音而发出横笛（浅蓝色时）、大提琴（深蓝色时）、低音提琴的音色；而在手风琴的深度里，你会“看到”蓝色的深度。绿色非常平衡，相对于小提琴中段和渐细的音色。而红色（朱砂色）运用技巧时，可以给予强烈鼓声的印象。

有人说，建筑是一部石头写成的历史书。建筑色彩中承载了大量的文化信息，我们从建筑的外观用色及内部装饰的色彩中，看到了人类色彩本能、时代特点、艺术样式、政治影响、哲学倾向等各方面的痕迹。

4.3　宗教因素

宗教对人类的色彩倾向产生了重要的影响。不同的宗教有不同的色彩崇尚，如佛教崇尚黄和白，道教崇尚黑和黄，伊斯兰教崇尚白。即使是同种宗教，不同的派别也会存在不同的色彩崇拜，如藏传佛教中宁玛派崇尚红、噶举派崇尚白、格鲁派崇尚黄等。

自然崇拜和图腾崇拜等各种信仰所呈现出来的色彩文化也各有其特点，如土家、白族等因白虎图腾而崇尚白；彝、拉祜、阿昌等族因黑虎图腾而崇尚黑；哈尼族由于红石头和黑石头的创世传说，所以常以红色头饰和黑色衣装为美；基诺族的崇尚白与女祖先阿嫫小白密切相关。

从古埃及时代开始，埃及人、美索不达米亚人、波斯人和欧洲许多民族都继承着人类原始时代就开始奉行的太阳崇拜。例如，古埃及人认为白色是象征太阳神的神圣颜色。古埃及壁画中诸神的服色常为白色，可以推断当时世俗生活中人们的服色也以白色为基调。在墓葬中，白色作为神秘的颜色经常被用来包缠遗骸或用于陪葬品的涂色。

基督教是世界上信仰人数最多传播最广的宗教之一。基督教色彩以其宗教的象征性，成为西方色彩文化的主流。

在基督教的色彩观念中，金色和白色象征着上帝和天国的光彩，是至高无上的色彩。白色意味着光明、灵魂和纯洁；红色是表示圣爱的象征色彩（在殉道者纪念日，红色意味着基督的血）；蓝色由于本质的透明性，在基督教中象征着宁静；紫色被基督教认为是极色的象征，是至高无上的上帝圣服的颜色，在神职人员的服色中，紫色是主教的服色；黑色在基督教中则代表着邪恶和阴暗。

图4–6　哥特式教堂的彩色玻璃窗画

《圣经》把色彩作为传达上帝旨意的神性象征。这在以宗教内容为主的拜占庭马赛克镶嵌壁画，哥特式教堂彩色玻璃窗，以及神职人员的服装制度上都表现得十分明显，如图4–6所示。

《圣经》说："上帝说了要有光，于是就有了光。"阳光的白光是上帝的光色象征。因此，光的运用和设计在教堂艺术中非常重要：圣索菲亚大教堂初建时，穹窿布满纯金，当阳光从穹围的天窗射进，整个大厅“阳光灿烂，金碧辉煌”，神秘和豪华的气氛更为浓烈。目睹该教堂修建过程的查士丁尼宫廷史学家普罗科匹厄斯记载到：“人们会产生一种错觉，认为这光不是阳光，而是教堂本身发出的光辉。”

在哥特式教堂中，透过长窗彩玻璃射入教堂空间的有色光线象征着上帝的光辉；教堂内部的各种有色壁面随着光线射入的角度发生神奇的光色的折射和反射，变化的阳光不断改变整个教堂空间的色调，由于色彩这种强大的精神穿透力，使身在其中的人感受到神秘的宗教气氛。如图4-7所示的法国亚眠主教堂，阳光从极高的彩色玻璃映射进来，整个教堂的空间弥漫着迷离与幽幻，带给人一种精神上的安慰。

伊斯兰教是世界三大宗教之一，公元7世纪初时产生于阿拉伯半岛。现在阿拉伯国家大多信仰伊斯兰教，对色彩选择有相似的偏好。伊斯兰教崇尚白色、黑色和绿色。白色象征自由与和平，绿色象征大自然，白色和黑色象征伊斯兰教。

7世纪，伊斯兰教首先在阿拉伯的游牧部落中产生和传播。在以沙漠为主的阿拉伯地区，绿色象征着生命和希望，它成为阿拉伯穆斯林民族的传统之色，被伊斯兰教视为神圣之色。伊斯兰教教旗的主要基色为绿色，在伊斯兰清真寺、拱北、麻扎等宗教建筑上，绿色被大量醒目地使用，见图4-8。穆斯林到沙特阿拉伯朝觐时，一般都打绿旗。阿拉伯国家制作的供穆斯林祈祷用的地毯，底色多为绿色。阿拉伯和信奉伊斯兰教的国家大多把绿色视为“色中之色”。他们用绿色作国旗的底色，集中表现绿色的重要意义。

伊斯兰的宗教艺术中，纯度较高的色彩使用得较多，尤其是金、银等有金属色泽的颜色，而且在颜色搭配上呈现华丽、细腻的风格。如波斯釉，它是用石英粉和精研陶土、色釉搅拌，经高温烧冶后，创造出半透明的色彩层。

公元965年，哈干王二世为寇多巴大清真寺建造了伊斯兰艺术中最辉煌的“米哈拉布”，整个建筑内部墙面和圆顶多为布满枝叶漩涡的玻璃马赛克装饰。米哈拉布板以钴蓝亮彩釉绘制，在深绿色灰底上表现高明度的同类色图案，用钴蓝和土耳其绿施

图4-7　阳光从法国亚眠主教堂的彩色玻璃映射进来，使整个教堂的空间弥漫着宗教气氛

图4-8　甘肃西关清真寺，绿色被醒目的表现

与伊斯兰文之上（图4–9）。这种色彩装饰的高度和谐，表现了伊斯兰艺术的色彩造诣。

阿拔斯王朝时期，伊朗和伊拉克从中国输入陶瓷，从而促使两地的陶瓷制造业迅速兴起。由于中东没有制造陶器所需的白陶土，阿拉伯人就生产出自己特有的陶器。而且，他们发现在第二次入炉前进行涂釉工序后，还可以镀一层有奇异光晕的金属膜，这种陶砖便成为伊斯兰装饰工艺中一门独特的艺术。彩绘陶砖以黑、白以及各种蓝绿色作为基本色调，并饰以铭文、几何图形、叶纹等，在伊斯兰建筑中被广泛运用（图4–10）。这种特色还表现在伊斯兰的木雕、波斯地毯、书籍插图当中。总体上看，伊斯兰的色彩装饰以蓝绿色调为主，间以红、白、金色的色彩风格，这种色彩风格曾经强烈地影响了西方的拜占庭和后来的西方装饰艺术。

佛教用色彩来传达教义，佛教崇尚黄和白。具体以藏传佛教为例，象征四方的颜色是：白色为东、黄色为南、红色为西、绿色为北；白、黄、红、绿四色亦象征四业，即白色象征息业（息灭疾病邪魔，危难之业）；黄色象征增业（增益福寿财富之业）；红色象征怀业（怀柔调伏神天人鬼之业）；绿色象征诛业（伏业，诛灭制伏怨敌邪魔之业）。除白、黄、红、绿四色之外，由于蓝色是天空随处可见的颜色，象征佛法无处不在，藏传佛教也将蓝色视为最高贵的色彩。

藏传佛教色彩观念反映在建筑上，使寺院建筑形成了一套比较完整定性的装饰手法。教义规定：经堂和塔刷白色，佛寺刷红色，白墙面上用黑色窗框，红色木门廊及

图4–9　米哈拉布板在深绿色灰底上表现高明度的同类色图案

图4–10　伊拉克巴格达阿卡达米麦清真寺入口色彩

图4–11 西藏拉萨布达拉宫色彩形成了强烈对比

棕色饰带，红墙面上则主要用白色及棕色饰带。屋顶部分及饰带上重点点缀镏金装饰，或用镏金屋顶。这些装饰色彩上的强烈对比，突出了宗教建筑的重要性。如图4–11所示的布达拉宫位于西藏自治区首府拉萨，是藏传佛教的典型建筑，其色彩对比强烈，神圣恢宏。

4.4 民族因素

建筑色彩所体现的民族性其实是以上地域性、文化性、宗教性综合影响某一特定民族而形成的该民族特有的色彩风格。

各个民族选择一定的地区居住下来后，在漫长的岁月里逐步形成了建筑色彩的民族文化特点。以日本为例，日本朴素的建筑色彩风格形成的地域原因是其森林型和海洋性的地理条件，究其文化原因和宗教原因，日本民族在本土原生的神道教的基础上吸收了中国的儒家道家观念和印度的佛教观念，形成了其独特的文化意识形态。神道中的“清明心”这一至高的道德境界以及“诚”的美学意识，在经过对儒道观念的吸收同化以后，进一步和禅宗的人心性清净空寂、心中灵明的佛性永不泯灭的思想相融合，逐步趋向闲寂清幽的趣味，由物哀美进一步发展成了“幽玄”、“寂”的审美意识。在自然环境和社会文化的双层作用下，日本文化经过几千年漫长的文化融合与发展，形成了其独特的色彩审美观。这种色彩审美观以简约、朴素、含蓄的和谐美为核心贯穿于日本民族的艺术生活之中。

中国是一个多民族的国家，从不同的建筑色彩中很容易判断是哪个民族的风格。

藏族人民在建筑、绘画、服饰上都喜爱使用鲜艳且对比强烈的色彩，这是因为藏民族赖以生存的环境大都地处高原，雪山林立、气候寒冷，每年除夏季三月之外，其余九个月都难以见到绿色的树木和盛开的鲜花。珍贵的鲜艳之色是人们所期盼向往的，在生活中自然就会使用这些绚烂的色彩来装点自己的生活。

而且，藏族的生存环境中常见雪山，所以藏族认为白色是最神圣的颜色。黑色之意则恰恰相反，象征罪业和罪恶。

蓝色也是藏族人民最常用一种颜色，这是因为藏族最初信奉一种原始宗教——苯教，崇拜自然，相信万物有灵。蓝色是苯教最重视的色彩，蓝色象征着天空，在藏族中运用得非常广泛。藏房的天花板大都涂作天蓝色，藏装的内边沿镶蓝布，这是藏民族受苯教影响形成的古老传统，

藏族的色彩观还深受藏传佛教文化的影响（前面已详细介绍了藏传佛教的色彩象征）。因此，富有宗教意义的装饰更是西藏民居最醒目的标识，外墙门窗上挑出的小檐下悬红蓝白三色条形布幔，周围窗套为黑色，屋顶女儿墙的脚线及其转角部位则是红、白、蓝、黄、绿五色布条形成的"幢"。在藏族的宗教色彩观中，此五色分别寓示火、云、天、土、水，以此来表达吉祥的愿望。屋顶上的四角搭建有插放五色旗幡的墙垛，分别象征蓝天、白云、红火、黄土、绿水。旗幡上印有祈福消灾的经文，在每年新年和重大喜庆节日时还要更换。此种装饰是藏族民居最富有民族特色的装饰之一。

在藏族地区，还以墙体装饰表达藏传佛教派别。如萨迦民居的墙上涂有白色条带，在条带上再涂以相同宽度的土红色和深蓝灰色色带，中空为白色，在建筑主体或院墙直角转弯处及较宽的墙面上，还自上而下地用土红色和白色画出色带，以标识该地区信仰的是萨迦派。

宗教信仰是维吾尔族色彩崇尚的重要原因之一。新疆维吾尔族先期信仰过萨满教、祆教、拜火教等多种宗教，萨满教和祆教都崇拜火神，认为火神不仅会赐给人们以幸福和财富，还可镇压邪恶，所以象征火的红色一直为维吾尔族喜爱。萨满教崇拜大自然，象征天空的蓝色、象征大漠的黄色、象征树木的绿色也在维吾尔族的色彩文化中的重要的地位。由于该民族对伊斯兰教的信仰，绿色、白色和黑色在他们的文化中更为重视。在清真寺、民居等建筑装饰中，都体现了他们对绿色的崇尚和喜好。而且，新疆维吾尔族人生性豪爽开朗，不论在建筑装饰还是服饰绘画中，他们都倾向于使用对比强烈的浓艳之色。

对同一种颜色，在不同民族不同时代有不同的理解。例如黄色，在中国古代被广泛用于皇家色彩，代表权利和富贵；在印度，黄色也是统治者和天神的色彩；在英国，黄色象征名誉和忠诚；但在伊斯兰信仰的民族中，黄色象征着死亡，是比较忌讳的颜色；在中世纪的欧洲，黄色是识别所有受到社会排斥的人群的颜色。

综上所述，建筑色彩在地域、文化、宗教的影响之下，形成了具有民族特色的色彩意味，使建筑呈现出特有的底蕴气质。

思考题：

1. 针对自己所处的城市，分析其色彩在地域性、文化性、宗教性以及民族性各方面的反映。

2. 结合你对建筑色彩文化的理解，谈谈中国传统建筑的色彩特点。

第5章　建筑色彩的统一性

建筑色彩的统一性，是指在一定的条件下，建筑内外各个变化的色彩因素有机地组合在一个整体之中。我国对建筑色彩的运用自古以来就遵循整体统一的原则，即在建筑群上是各单体建筑的和谐，在单体建筑上是各细节之间的和谐，无论哪种和谐都存在着不同颜色间的彼此作用、互相衬托以及相互联系，从而使之产生完整一致的整体效果。

城市建筑色彩强调协调统一，与周围的环境、城市景观和地域文化交汇融合。奥地利的萨尔茨堡是音乐大师莫扎特、现代指挥家卡拉扬的故乡，享有“音乐之都”的美誉，该城统一使用的粉绿、粉红、粉蓝、粉紫、粉橙和浅灰等颜色，美丽而不张扬，不仅将城市装点得至纯至美，而且也将其具有的音乐氛围渲染得更加浓郁。

图5-1　奥地利萨尔茨堡统一使用粉绿、粉红、粉蓝、粉紫、粉橙和浅灰等颜色渲染音乐氛围

由此可见，城市建筑色彩需要进行统一规划。色彩就像流动的音符，只有规划好每一个音符，变化中求统一，才能使整个城市和谐美丽。建筑色彩的统一性通常从如下几种关系进行阐述：

5.1　单体建筑色彩与建筑群色彩的统一

建筑色彩是彰显建筑个性的重要手段，不同的功能决定了每幢建筑不同的个性。就整个建筑环境而言，建筑色彩的感觉更甚于建筑的形体和细部。但在使用建筑色彩时只为突出某一单体建筑而忽视其他建筑，就不可能对建筑群的色彩整体的把握，建筑色彩在整体空间上就会显得杂乱无章。如果在整体色彩上进行统一的规划，那么建筑群在整体上就能获得统一的效果。

单体建筑与建筑群的色彩统一关系有近似性统一和矛盾性统一两种。在建筑群的颜色处理中，最常见的是近似性统一。图5-2是中国梅山文化园的风雨桥，它与群体建筑在整体色彩上属近似性统一，几乎一致的色调体现出中国传统乡土建筑群之间的统一美。

又如中国著名的古建筑群故宫博物院（旧称紫禁城）（图5-3），城内的三个主体建筑太和殿、中和殿和保和殿与周边建筑群都统一在黄色琉璃瓦和深红色的墙体中，体现出中国皇宫建筑的雄伟壮观和威严。

建筑物之间的色彩同时也可以在矛盾变化中达到统一的效果。如松赞林寺（图5-4），整个建筑群统一在暖色调与冷色调的变化中。鲜明的对比，表现出一种色彩的活力，而运用色彩所表现的建筑形态在这里得到了统一。

图5-2　中国梅山文化园风雨桥与建筑群的色彩是近似性统一而达到的整体美

图5-3 故宫博物院建筑群的色彩统一在黄色琉璃瓦和深红色的墙体中

图5-4 松赞林寺建筑群，运用冷暖色调的对比，表现出色彩的活力

图5-5 建筑色彩与自然相协调的广州新体育馆

5.2 建筑色彩与自然环境色彩的统一

自然环境元素包括山、水、天空、树木等等。建筑色彩与自然环境的协调能体现出设计的人性化和生态化，这是未来建筑发展的总体趋势。(图5-5)，图中白色建筑物是由法国著名建筑师保罗·安德鲁在广州设计的广州新体育馆，整个建筑使用纯白色。新体育馆选址在广州的白云山脚下，安德鲁先生用心去观察，把白云山自然景观作为设计的元素。建筑物分主馆、训练馆和大众活动中心。三部分均以山丘形的屋顶覆盖，而屋面板采用乳白色的“阳光板”，外墙采用白色瓷砖贴面，整个建筑物就像三个白色的山丘。既与白云形成意象呼应，又与周围的自然风貌相协调，并且与将来白云新城区的规划建筑产生形式上的呼应，恰当地扮演了“过渡”的角色。

又如丹麦著名建筑设计师约恩·伍重在1956设计的澳大利亚悉尼歌剧院，他将两个大厅切入体量巨大的底座并覆盖轻质混凝土壳，歌剧院大型的深色底座把建筑牢靠地固定，让人感到建筑与大地的结合，上部白色的风帆型壳体仅有很少几个支点接触地面，给人以蓬勃向上之感(图5-6)。

图5-7所示的埃及金字塔，经过几千年风沙侵蚀所形成的土黄色与沙漠浑然一

图5-6　澳大利亚悉尼歌剧院上部白色的风帆型壳体似乎藐视地心吸引力，但又从未显示不稳定性

图5-7　与沙漠浑然一体的埃及金字塔

体，显现出埃及金字塔的古老和神秘。

5.3　建筑外部色彩与内部色彩的统一

任何一个建筑，为了表现其功能要求和性格特征，建筑外部形象总依赖色彩表现一种富有个性的形式。为了完整的表现建筑特有的品质，这就要求建筑内部和外部在色彩的转换上形成统一性。当然，实现建筑外部色彩和内部色彩的统一性不等于内外都使用同样的色彩。建筑室内外的色彩可以是相同，也可以不同。不管是相同的用色过渡还是不同的用色转换，如果将色彩进行精心设计，都可以表现建筑物的内外统一性。

5.4　建筑色彩与文脉的统一

所谓文脉，英文即Context一词，原意指文学中的“上下文”。在语言学中，该词被称作“语境”，就是使用语言的此情此景与前言后语。更广泛的意义上，引申为一事物在时间或空间上与他事物的关系。设计中译作“文脉”，更多的应理解为文化上的脉络，即文化的承启关系。建筑中的文脉是隐形的，历史文脉只能继承，而不是创造。因此，在进行建筑设计时，我们应该尊重传统建筑文化，用建筑的色彩语言和符号语言将环境的历史文脉表达出来。

5.5　建筑色彩与地域性的统一

不同地区具有不同的地域性色彩。地方色彩顾名思义，就是指一个地区特有的色彩以及生活在当地的居民所创造的世代传袭的色彩文化。它与这个地区的气候，地理环境等条件有关。不同的国家或地区往往有着不同的地方色彩，而这种地方色彩是千百年自然形成的文化传统，故在建筑色彩上也往往表现出不同的地方特色。比如我国安徽一带山清水秀，民居建筑采用粉墙青瓦，黑白分明，青色的瓦与山体颜色呼应，而粉色的墙又与明净的水相协调，组合出一幅幅美丽的安徽民居风景，同时也体现了当地的人们朴素、安宁的精神品质（图5–8）。

闽南泉州一带用红砖砌筑的民居，色彩缤纷艳丽；内蒙古的居民喜爱搭建蓝、白色的帐篷，在浩渺无际的绿色草原上，醒目而怡人；湘西一带多山多树，当地人民就地取材，用木材建筑房子，建筑色彩表现了材料质地，使人感到朴实、含蓄并与湘西地貌融为一体，如图5–9所示。

思考题：

1. 结合第4章关于建筑色彩文化的理解，试分析建筑色彩统一的现实意义和历史意义。

2. 分别举出实例，谈谈单体建筑与建筑群的色彩、建筑色彩与自然色彩、建筑的外部色彩和内部色彩、建筑色彩与文脉、建筑色彩与地域性之统一。

图5–8　白墙青瓦的江南水乡

图5–9　湘西的木构建筑，建筑色彩表现了材料质地，与自然环境融为一体

第6章　建筑色彩的构图

“构图”是造型艺术的专用名词，原意是指画家在有限的平面里，对自己所要表现的形象进行组织，形成整个画面的特定结构，藉以实现艺术家的审美表现意图。建筑艺术是空间的造型艺术，空间形态的组合和布局同样需要构图手法，本章所指建筑色彩的构图是运用色彩语言和手法对建筑形态进行色彩的艺术处理，就其实质来说，是运用色彩解决建筑物各种因素之间的内在联系和空间关系，将它们有机地组织在一起，使之形成一个统一的整体。建筑色彩的构图是将建筑的“形”变成更加艺术的过程，它置于构思和具体表现方法之中。设计时，在建筑样式确定后，再根据形式美的规律研究色块的布局，进一步确定色块的形状、大小、疏密、冷暖、纯灰、深浅等构图要素。古今中外，有多少卓越的建筑艺术家的传世作品就有多少不同的色彩构图。可以说，建筑色彩构图千变万化，但构图有规律可循。

6.1　对称与均衡

建筑色彩的对称性是指相同面积相同形状的同一色相在建筑内或外形成的均衡形式。建筑立面颜色的对称常常与建筑物本身的建筑细部构件如门、窗、栏杆或屋顶的形状的对称性有关。无论是古代建筑还是现代建筑设计中，我们常常可以看到建筑色彩构图对称的例子。如图6–1所示，该居住单元的两个红墙面的窗户镶嵌上黄色的玻璃，结合两侧立面的红色饰面砖形成了对称的色彩构图。

图6–1　色彩的对称构图

另外，建筑立面的装饰构件和图案同样可以形成对称的色彩构图形式，如图6–2所示。

一般来说，对称与均衡总是联系在一起的。因为从形态本身来说，对称的图形肯定是均衡的。建筑色彩的对称式构图同时也是均衡式构图的特殊形式。

均衡是形式美法则之一。在造型艺术中指同一艺术作品的不同部分和因素之间既对立又统一的空间关系。建筑色彩的均衡主要有三种情况：相同面积相同色相、相同面积不同色相、不同面积不同色相在建筑外观立面上所形成的形式统一，它涉及色彩的轻重摆布。如图6-3所示建筑物，是用相同面积的红色形成的对称建筑色彩构图。而图6-4所示建筑物则是用相同面积的红和黄来形成对称的色彩构图关系。

图6-2 色彩图案的对称

图6-3 相同面积、相同色彩的对称

图6-4 相同面积、不同色彩的对称

一般来说，较浓的色彩、较暗的光影会给人重的感觉；较淡的色彩、较亮的光影会给人轻的感觉；较暖的颜色会给人轻的感觉；较冷的颜色会给人重的感觉。

在均衡的三种情况中，相比于相同面积不同色相与不同面积不同色相，相同面积相同色相构图形式更灵活。它们在不对称组合变化中求均衡，体现“多样统一”的法则。

6.2　节奏与韵律

节奏是客观事物（包括人的生命、社会活动、艺术形式）运动的重要属性，是一种合规律性的周期性变化或事物有规律的重复。韵律是有“情调”的节奏。自然界中许多事物或现象，往往由于有规律地重复而出现有秩序的变化，这种变化能激发人们的美感。一个石子投入水中，能激起一圈圈波纹由中心向四周扩散，就是一种富有韵律感的自然现象。

建筑外观立面色彩的节奏与韵律是指两种或两种以上的颜色交替变化所形成的美感。这种交替变化是有一定排列格式的。主要的构图形式有：点式、横线式、竖线式等。小型色块在建筑立面分布可以看成是点式构图。点式构图生动活泼，使建筑立面上产生一种跳跃的韵律感。一般情况下，建筑立面如门、窗、阳台、栏杆等都可以作为点式来表达建筑的色彩效果。色彩点的分布可以是规则的也可以是自由式的。点的规则式布局具有秩序感，而点的自由式布局则具有运动感，如图6–5所示。

横线色彩构图给人一种平衡感和稳重感，同时有降低建筑物垂直尺度的效果，如图6–6所示。竖线式色彩构图给人挺拔、直线向上的效果，如图6–7所示。不同颜色的建筑屋面能形成富有韵律感的变化，如图6–8所示。

图6–5　白色的窗间墙所产生的点式构图

图6–6　横线式的色彩构图降低建筑物垂直尺度感

图6-7 竖线式构图给人挺拔、直线向上感

图6-8 不同颜色的建筑屋面形成富有韵律感的变化

6.3 衬托与对比

建筑色彩构图的另一种法则就是衬托与对比。衬托分为平面衬托和空间衬托。平面衬托是指在建筑同一立面上的一种颜色衬托另一种颜色；空间衬托是指两个或两个以上建筑物在空间上、用色上相互的衬托。如后一个建筑立面的色彩衬托前一个建筑立面的色彩，或周围建筑的色彩去衬托中心建筑的色彩。这两种情况都使建筑的色彩构图形成主次关系，使主形象特点更加突出明显，对视觉形成强烈的刺激，加深印象。如图6-9所示，红色的电话亭在深色建筑的衬托下显得格外醒目。

对比是指互为衬托的造型要素之间存在着差异因素。对比可以借彼此之间的烘托陪衬来突出各自的特点。建筑的色彩如果没有对比会使人感到单调。如图6-10所示，用相反的色彩因素组合给人们在视觉效果上造成强烈的反差，形成更强烈的色彩效果。

图6-9 深色衬托下的红色电话亭

图6-10 红色和绿色的组合形成的强烈色彩效果

6.4　特异与夸张

美感体验的多样化是人类审美需求的基本走向和永恒的主题。在审美感受的形式上，人们不仅需要平静、淡雅、和谐的审美感受，同样需要强烈刺激，甚至追求离奇、怪诞的艺术效果。所以，特异与夸张的色彩构图，是人们有可能获得这种效果的基本途径。

建筑色彩的特异与夸张就是在统一中追求个性变化，使建筑形象更强调设计者的主观追求，从而产生更强烈甚至更刺激的艺术效果，在后现代主义建筑思潮中尤为多见。人们把不规则的几何式色彩构图看成是特异构图的形式，灵活的不规则几何式构图使建筑立面新奇、活跃，如图6–11、图6–12所示。

建筑构图中巧妙地运用特异的色彩构图能使建筑立面产生生机，形成趣味中心，

图6–11　几何式色彩构图的建筑造型（一）

图6–12　几何式色彩构图的建筑造型（二）

从而吸引人们的注意力。夸张是指偏离自然形式，以及普遍标准在空间、时间上对事物原有概念的突破。夸张的构图手法常常使建筑外观形象更加突出，如图6–13 ~ 图6–15所示。

图6–13 夸张的色彩构图手法（一）

在解构主义建筑语言出现以后，特异与夸张的建筑色彩形式更是多见。首先，解构主义建筑在形体上一方面运用了现代主义的词汇，另一方面却反对一切既有的设计原则，打破了传统建筑空间的稳定和秩序，追求零碎的、无序的、无关联的片段重叠和重组，追求特异的、抽象的甚至怪诞的形体和色彩搭配形式。建筑色彩给人以灾难和悲剧的视觉体验，在色彩设计上，追求无约束的随意性，给人意外的刺激。这种设计理念是西方进入后现代主义时期设计者的复杂设计心理的体现。

值得提出的是：人们对形体与色彩统一的审美反应是与人类知觉中普遍的心理追求相一致的。一般来说，感知简洁的、组织有序的形式，可以使人体验轻松自在的舒适感。格式塔心理学的许多实验表明，当一种简单规则的形式呈现于人们的眼前时，人们会感到极为舒适和平静，因为这样的图形与知觉追求的简化是一致的。因此，设计师在进行建筑色彩构图时，无论怎样追求个性，追求特异与夸张，都要符合普通的、大众化的审美水平，要考虑建筑色彩同周边环境的协调性、统一性。

建筑色彩设计是一个综合创作的过程。单纯采用一种色彩图式常常不能满足多方

图6–14 夸张的色彩构图手法（二）

图6–15 夸张的色彩构图手法（三）

面的表现要求。在实际设计中，建筑师应根据具体的条件和环境结合其他形式进行取舍和变化，不断地创造出新颖且具有艺术表现力的特色样式来。同时应不断地探索出更多表达不同城市建筑特色的构图样式，营造出具有文化特征的城市色彩环境，以提高现代城市品位。

我们应当承认，色彩的感觉是主观性的，我们对色彩的反映没有固定的模式可循，而且很难确定和把握。长期以来，我们对色彩的经验和感觉停留在描述阶段。所以，设计师要不断探索建筑色彩的构图法则，充分发挥个人的主观能动性，创造出既能表达建筑性格、又能表达创新色彩意识的建筑作品。

思考题：

1. 为什么说建筑色彩构图是运用色彩语言和手法对建筑形态进行色彩的艺术处理？

2. 分别举出建筑实例，分析建筑色彩怎样体现对称与均衡、节奏与韵律、衬托与对比、特异与夸张的构图手法。

第7章　建筑外环境色彩设计

建筑外环境色彩是指建筑的外部空间中各种感知物体色彩的总和，是一个广泛而又综合的概念。建筑外环境色彩可以分为自然色彩和人工色彩。自然色彩主要指天空、河流、花草树木、绿地、山石等；人工色彩则主要是指建筑、道路、广场、街头设施、交通工具等。此外，建筑外环境色彩根据其性质的不同还可以分为固定色彩、流动色彩和临时色彩。固定色彩指在一定时期内建筑的外部空间中各种稳定元素所组成的色彩，如公共建筑、桥梁、道路、广场、城市雕塑等；流动色彩则是指交通工具、行人的服饰等不稳定的元素组成的色彩；临时色彩是指那些随机性的灯光、广告、标牌、橱窗等元素所组成的色彩。这些色彩元素构成了一个完整的建筑外部空间色彩系统，在这个系统中人工色彩和自然色彩相互依存，固定色彩是主体，流动色彩和临时色彩是活跃元素。

7.1　道路色彩

道路是展示建筑外环境空间魅力的景观廊道，美观大方的道路景观使人心情愉悦。道路按使用功能来划分，主要分为两类：车行道路与步行道路。

7.1.1　车行道路

车行道路的色彩往往较为简单，面层一般为沥青或混凝土，由于受材料限制，色彩应用仅限于绘制交通道路标线。近年来随着材料技术的发展，色彩在车行道路的应用范围得到扩展，如各种色泽的车行道路地砖；红白相间的防撞栏；绿色、蓝色的护栏等。

车行道路的色彩设计要遵循三个原则：

1）色彩设计必须与车行道路使用的安全性、顺畅性紧密联系，以保证视觉的连贯性，避免产生错觉和视线干扰。

2）车行道路的纵向尺度大，往往延续数十乃至数百公里，经常跨越不同的地形地貌、地理气候的区域。各区域的文化习俗也不尽相同，作为地方色彩文化的展示面，道路的色彩设计可以考虑体现这些特征。

3）路面是视觉主承载面，作为底色既要考虑与周围环境色的协调，也要考虑其可识别性及道路铺装的经济性。当道路途经植物茂盛、色彩变化丰富的地域时，路面的色彩可以选择明度低的灰色调；当道路途经荒漠等以黄、褐色系为主的暖色调区域时，路面色彩则可选择偏冷的灰蓝或蓝色，这样的处理既可以与环境色互补，亦可减轻视觉疲劳。

7.1.2　步行道路

步行道路主要是指人行道、绿地或广场中的休闲道路等。步行道路与车行道路的不同之处，在于其除了组织交通和引导人流外，还更加注重景观上的变化。步行道路色彩主要体现在地面铺装上。传统的路面铺地受材料的限制，大多以灰色调的石材来进行各种纹样设计。在现代环境中，除沿用传统材料外，水泥、沥青、彩色卵石、文化石、广场砖等材料也被广泛的采用。较常采用的彩色路面有红砖路、青砖路、彩色卵石路、水泥调色路、彩色石路等（图7-1）。

步行道路的色彩能把“情绪”赋予环境，从而作用于人的心理。暖色调表现热烈兴奋的情绪；冷色调表现较为幽雅、宁静的意境；明朗的色调给人清新明快之感；灰暗的色调则表现为沉稳、朴实的效果。因此，步行道路色彩设计要有意识地利用色彩变化来丰富和加强环境气氛。在利用色彩丰富环境的同时也应注意到，步行道的色彩必须从整体上考虑，要与周围的植物、山水、建筑等统一起来，进行综合色彩设计（图7-2）。

图7-1　步行道的彩色路面铺装是活跃空间的重要元素

图7-2　步行道的色彩应与周围的环境色统一，形成整体的艺术效果

7.2 环境小品色彩

环境小品色彩既具有一定的传达信息的功能，也是创造丰富建筑外环境色彩的良好素材。虽然这些色彩小品不是城市的主题色彩，但是它可以成为丰富城市色彩、活跃城市氛围的积极元素。环境小品的色彩设计应该追求功能和美观的统一。

环境小品主要包括以下四大类：

1）指示类小品

如城市内的标牌、指示牌、站牌等。这类小品色彩应简洁明快，使人易于识别。由于指示类小品作为信息传播的媒介，在环境中分布广泛，要充分考虑其对环境的影响，既要色彩鲜明、形象生动，又要与环境的整体气氛相协调（图7–3）。值得注意的是，交通指示系统的各类指示牌具有特殊性，并有一定的规范可循，不得任意设计警告指示牌。一般情况下，警示性的标志是最为醒目的黄色与黑色的组合，禁止标志则为红色与白色的组合，通常性指示标志为蓝色与白色的组合。生活小区的指示类标牌则可灵活运用。

2）广告类小品

如户外灯箱、招贴广告、店面招牌等，此类小品的配色既要注重广告的视觉冲击力，又不能破坏周边色彩环境。目前国内很多城市在广告配色上尚无明确规划，从而导致了城市广告色彩的视觉污染。随着人们审美水平的不断提高，城市广告配色与城市规划相结合将是城市规划设计的发展趋势。

3）功能类小品

如座椅、灯柱、垃圾箱、电话亭等。这些小品的配色原则应该遵循其不同的功能与特点：灯柱、垃圾箱由于其排列的连续性，不宜采用过艳的颜色，否则连续的高纯

图7–3　西安大唐芙蓉园内的标牌，色彩古朴、简洁，又突显出现代气息

图7–4　法国巴黎拉德芳斯金融商业区的红色抽象雕塑

度色将有可能过分醒目而破坏环境色彩的整体性；休闲类的功能小品配色则应符合人们近尺度观察的要求，色彩及质感均须使人感到细腻与舒适。

4）艺术类小品

艺术类小品是指出于纯装饰和美化的目的，运用物质材料在建筑外环境中建造的小品，如雕塑、壁画等。这些小品具有提高城市艺术品位的功能，同时也是创造丰富城市色彩的良好载体。经过精心设计和慎重处理的城市小品，将与建筑、绿化等元素共同形成优美的景观。艺术品的颜色要结合不同环境表现自身色彩，如法国巴黎拉德芳斯金融商业区的红色抽象雕塑，其强烈的色彩在深灰色的玻璃幕墙背景中脱颖而出，成为视觉的焦点并对场所产生了强大的控制力（图7–4）。

虽然环境小品不一定是城市景观的主体，其色彩若处理不当则会有损城市形象。近些年来出现了不少粗制滥造的环境小品，不仅造成了环境色彩污染，还降低了城市的文化品格，作为设计者，应引起高度重视。

7.3　灯光色彩

建筑环境在白天具有鲜明的色彩形象，在夜间若缺少灯光照明就会黯然失色。因此，夜间灯光照明也是景观环境中不可缺少的构成要素之一。灯光在夜晚除提供照明功能之外，还通过对城市建筑物、构筑物、城市小品、草坪、树木及水体的照映，构建了千姿百态的光彩世界。由灯光所形成的夜间色彩感往往比昼间建筑色彩更为强烈，因而能营造出丰富变幻的环境氛围。如市民广场灯光照明可设计得光彩夺目，丰富而有层次，并以暖色调为主，以表现欣欣向荣、和谐完美的效果；而商业街则可使灯光色彩斑斓，采用闪烁的霓虹灯、五光十色的招牌、广告和橱窗照明，渲染出一种商业繁荣景象（图7–5）。除此之外，博物馆建筑的灯光则可采用统一的色彩来烘托建筑，营造宁静的氛围（图7–6）。

室内的灯光色彩可以成为装饰气氛的催化剂，它能为居室装修起到画龙点睛的作用。室内灯光设计一般忌眼花缭乱和过大的反差，应着重表现和谐统一的效果。概括起来，室内灯光色彩应把握以下几个方面的原则：

1）健康原则

美与健康往往是联系在一起的。如果色彩运用不当，不但不美，更会有害于身体健康，这是因为色彩对人的心理和生理均有很大的影响。通过试验表明，蓝色可减缓心律、调节平衡，消除紧张情绪；米黄色、浅蓝、浅灰有利于安静休息和睡眠，易消除疲劳；橙、黄色能使人兴奋，振作精神；白色可使高血压患者血压降低，心平气

图7-5 商业广场在夜间灯光照耀下营造繁华的气氛

图7-6 中国梅山文化园博物馆内景

和；红色则使人血压升高，呼吸加快。因此，选择室内灯光色彩既要注意色彩的统一性，又要考虑利于人们的身心健康。

2）整体原则

古代的哲人总是推崇圆和球的几何形状，认为它们是完整的标准，因为圆和球具有抽象的一致性。室内灯光色彩总是由若干不同区域的光、不同位置的光、不同照度的光、不同色彩的光组成，这些差异容易造成室内色彩繁杂、紊乱，使人产生疲劳。在进行室内灯光色彩设计时，要通过一定的造型规律，使灯光色彩组成一个有机的整体，从功能使用要求和灯光色彩的差异中找出内在的一致性。整体绝不是各行其是的罗列，而是有目的的组织。

3）功能原则

室内灯光颜色的选择，还要考虑其使用功能。如卧室或医院病房不要用强烈刺激的灯光色彩，应避免色彩间形成的强烈对比，灯光应创造平稳、安定、温馨、温暖的色彩视觉效果。

书房可采用活泼明快的灯光颜色，黄色灯光的灯饰比较合适放在书房里，因为在淡黄色的灯光中人的记忆力会增强，且可以振奋精神，提高学习效率，有利于消除和减轻眼睛疲劳。

餐厅的灯光可以设计得温馨浪漫，一般多采用白色光。因为在白色光照下，所用的食品才能保持原有的色泽，使人感到生态、干净，从而促进食欲。

厨房的特殊性决定了它们对照明的实用性要求。厨房的灯光设计要明亮实用，色彩不要复杂，可以选用隐蔽式荧光灯或吸顶灯作为厨房工作台的照明。

7.4 植被花卉色彩

7.4.1 植物的色彩美

植物的色彩美主要体现在叶色、花色、果色、干色四个方面。

1）叶色美

植物的叶色是表现植物色彩美的主要部位。春色叶植物在春季展现黄绿、嫩红、嫩紫等娇嫩的色彩，表现明媚的春光，鲜艳动人。如垂柳、悬铃木、山麻杆等。当新叶初展时，或红或黄的新叶覆冠，呈开花状效果。秋色叶植物表现时序，有呈红色的植物，如枫香、五角枫、鸡爪槭、茶条槭、黄栌、乌桕、盐肤木、柿树、漆树等；有呈黄色的植物，如银杏、无患子、鹅掌楸等；有呈红褐色的植物，如水杉、水松、池杉秋叶等。常色叶植物的叶色终年为同一色泽，可用于图案造型和营造稳定的色彩景观环境。

2）花色美

植物的花色万紫千红，尤其是草本花卉花色多样，开花时艳丽动人。植物的花色有如绘画中的调色板，五彩缤纷，如红色的玫瑰、石榴、美人蕉；洁白的白玉兰、白丁香、梅花；黄色的迎春、金钟、黄槐、桂花、紫薇、木槿等。在环境艺术设计中常常采用花坛、花带的形式来表现花卉的群体色彩效果。如广场绿地中常用橙黄的金盏菊和紫色的羽衣甘蓝配置，远看色彩热烈鲜艳，近看和谐统一。

3）果色美

植物的果实色彩观赏性高，果实累累、色彩艳丽正是秋季景观的一个写照。果实颜色以红色居多，如南天竺、石榴、山楂、海棠、火棘、珊瑚树；还有黄色的银杏、佛手、芒果、梅、杏；橙色的如桔、柚、柿；白色的有红瑞木；紫色的有紫珠、葡萄等。

4）干色美

树干的色彩也极具观赏价值，尤其是北方的冬季，落叶后的树干在白雪的映衬下更具独特魅力。通常树干色彩为褐色，少量植物树干呈现鲜明的色彩，易营造引人注目的亮丽风景，如黄色树干有金竹、金枝槐、山槐；红色树干有红瑞木、商陆；紫色的有紫竹等；白色枝干的有白桦、白皮松、柠檬桉、毛白杨、银白杨、粉单竹；绿色枝干有竹、梧桐、棣棠等。北京塞纳维拉别墅区（图7–7），以北方常见的杨树为主要的景观元素，以其高大挺拔的风姿将建筑掩映其间。

7.4.2　植物的色彩设计原则

1）植物色彩景观应与表达的主题要求一致，它可以创造出热闹或宁静、庄重或浪漫等氛围（图7–8）。如在宽阔草坪、广场地上的开敞空间，用大色块、浓色调、多色对比处理的花丛、花坛来烘托明快、热烈的环境气氛；在山谷林间、崎岖小路的闭合空间，用小色块、淡色调、类似色处理的花径来表现幽深、宁静的山林野趣；山地造景为突出山势，以常绿的松柏为主，银杏、枫香、黄连木、槭树类等色叶树衬托，并配以花灌木，达到层林叠翠、花好叶美的效果；水边造景，用淡色调花系植物，结合枝形下垂、轻柔的植物，体现水景之清柔、幽静的意境。

2）植物色彩设计要充分考虑各种色彩的情感因素。人们在长期的生产生活实践中对色彩产生一种共识，即色彩情感。因此在植物色彩设计中应熟悉色彩所体现的情感，并按照色彩的特定情感加以选择与应用。

（1）用植物色彩表现温度感

红、橙、黄等暖色系给人以温暖、热闹感；蓝、蓝绿、蓝紫等冷色系给人以冰凉、清静感；紫与绿属中性色，观赏者不会产生疲劳感；而红色极具注目性，给人以兴奋、热烈的气氛。所以，我们应根据功能要求和环境条件选择不同的植物色彩，以

图7-7 北京塞纳维拉别墅区以常见杨树将建筑掩映其间

图7-8 海滨的槟榔树林与环境小品营造出欢快且充满野趣的度假场所

达到环境的理想效果。例如在春秋和寒冷地带宜多用暖色植物，在夏季或炎热地带多用冷色植物，以适应和平衡人们的心理特点。

（2）用植物色彩表现运动感

暖色给人以兴奋感，而冷色给人以宁静感，因此娱乐活动场地、公园或重点地段，布置暖色调植物以表达热闹活跃的气氛，如图7-9所示，上海市世纪公园的绿化地带，黄、红、绿三种颜色的植物交织成一幅具有动感的图案。在林中、林缘、草坪或休闲广场，通常采用蓝、绿色等冷色系植物来创造安静的环境。

（3）用植物色彩表现距离感

暖色有接近观赏者的感觉，而冷色有远离之感。将各种色度的植物进行组合时，可以利用色彩的距离感来加强环境的景深层次。若用盆景来组合造型，一般说来深色植物通常安排在底层，浅色安排在上层，既使构图稳定，又能使植物轻快、明丽。作背景的树木宜选用灰绿色或蓝灰色植物如雪松、毛白杨，而前景可用红枫、鸡爪槭等，从而拉开景深层次。

（4）用植物色彩表现重量感

色彩的轻重受明度与纯度的影响，色彩明度高感觉轻，明度低则感觉沉重，色彩纯度高感觉轻，纯度低感觉重。建筑物基部一般为暗色，其基础栽植也宜选用色彩浓重的植物，如红色的月季，深绿的珊瑚树、麦冬、山茶，以增强建筑的稳定感。

3）各种不同色度的绿色植物，不宜过多、过碎地布置在环境中，否则会显得杂乱无章。在设计中应谨慎地使用一些特殊色彩，诸如青铜色、紫色或带有杂色的植物等，因为这些色彩异常的独特，极易引人注意。同样，鲜艳的花朵也只宜在特定的区域内成片大面积

图7-9 上海市世纪公园绿化地带

图7-10 广场绿地上各类植物营造色彩景观

布置，色泽艳丽的花朵如果布置不适，大小不合，就会在布局中喧宾夺主。

4）植物色彩的季相或时序性。早春枝翠叶绿，仲春百花争艳，仲夏叶绿浓荫，深秋硕果累累，寒冬苍松红梅，展现的是一幅幅色彩绚丽多变的四季图，给常年依旧的山石、建筑赋予了生机。掌握不同植物的生态习性及观赏特性，才能组织好植物的时序景观。如杭州西湖，早春有苏堤春晓的桃红柳绿；春有花港观鱼群芳争艳的牡丹；夏有曲院风荷的出水芙蓉；秋有雷峰夕照的丹枫绚丽；冬有孤山红梅傲雪怒放，西湖景区因突出了植物时序景观而愈加迷人。

植物的丰富色彩可表现出各种不同的艺术效果，营造缤纷的色彩景观，并且可以随着季节的变化而产生动态的色彩效果，不同植物的各个季相可以产生流动的色彩旋律，表现独特的季相美（图7-10）。

5）植物在环境中作主景时，尽量凸显出植物的引人注目、明视性和色彩的感染力，比如可以在草坪中孤植红枫（图7-11），入口处对植银杏，水边列植水杉、桃花，广场上、道路旁的花坛、花境中片植四季花卉，山地上林植枫香、乌柏。也可在公园出入口、园路转折处、道路尽头、登山道口等处设置色彩亮丽的植物，以增强标志性、吸引视线、引导人流。色彩植物作背景陪衬时，尽可能突出主景或中景，协调环境，增加景观构图层次，使整个景观主景突出、鲜明，轮廓清晰。为了将植物的自

图7-11 草坪中种植红枫形成环境的色彩视觉焦点

图7–12 墙体和跌水在植物色彩的点缀和衬托下形成一个有机整体

然美与建筑、山石的人工美有机结合成一个整体（图7–12），通常用绿色灌木（珊瑚树）、绿色藤本爬墙（常春藤）或枝繁叶茂的常绿树群作背景，衬托主景，绿色背景的前景可以是纯色的雕塑小品，明亮鲜艳的花坛、花境，红色、黄色叶的乔灌木。

思考题：

1. 在建筑外环境中，指出什么是自然色彩和人工色彩；在人工色彩中，什么是固定色彩、流动色彩和临时色彩？举例说明。

2. 利用夜晚的时间，到所在城市街道感受灯光色彩，并评析其艺术效果。

第8章　不同类型建筑的色彩设计

建筑的类型按照不同角度有不同的划分方法。按地域划分，有江南建筑、闽南建筑等；按材料划分，有木质建筑、钢结构建筑、石材建筑等等。本书中所指的类型建筑是指具有共同功能特征的同一类建筑，可以分为商业建筑、居住建筑、文化教育建筑、办公建筑、医院建筑、交通建筑、工业建筑等。每种类型建筑都有与其功能相适应的形式，其建筑色彩亦各有特点。不同类型建筑的色彩设计，在发挥其个性的同时需要遵循以下一些基本原则：

1）整体性原则

整体性原则是指将所设计的类型建筑放在所处环境甚至整个城市背景之中，分析其色彩适用的基本色调，让色彩成为联系众多差异建筑的“桥梁”，使整体环境和谐统一。

2）形式与功能统一的原则

将所设计的类型建筑的色彩与其功能紧密相连，使建筑色彩从属于建筑性质的要求，从而达到建筑的审美价值与功能价值完美统一。

3）以人为本的原则

各种类型建筑都是为生活和工作在其中的人服务的，人是建筑的使用者和欣赏者。设计类型建筑色彩时，要充分考虑人身处建筑之中的感受，以及人在动静各种状态之中所看到的建筑色彩形象，从人的生理、心理多角度出发来设计符合大众审美趣味的建筑色彩。

4）符合客观色彩规律的原则

各种类型建筑基本色彩确定之后，还需要确定与之搭配的辅助色彩，在这个过程当中，我们应遵循对比调和等色彩规律，排除主观偏好或流行趋势的负面影响。

类型建筑色彩设计既是一门科学，也是一门艺术，它需要感性和理性相结合。以上四条原则并非一成不变，在具体的设计实践中，各种类型建筑的色彩设计手法应是灵活多样的，需要设计者综合考虑各种因素。

8.1　商业建筑

商业建筑的色彩宜别致、华丽和醒目，其目的在于体现商业的性质，让顾客有参与和购买的欲望，如图8-1所示，英国伯明翰百货公司的建筑设计在形体和色彩上都给人别致、醒目的效果，体现了明显的商业性。

根据商业建筑的功能特点，其色彩设计应注意以下几方面：

1）有利于展示商品

从某种意义上说，商品是商业建筑中展示的主体，在室内色彩设计中应突出商品

图8-1 英国伯明翰百货公司，在有机的银白色形体上用纯度较高的颜色强调形体上的开洞和连接体，给人很强的视觉冲击力，顾客常带着好奇的眼光走入该商场

图8-2 日本东京某时尚美容美发生活馆，色彩体现了新潮时尚的特性

的地位及个性。如家电产品的展示背景应体现较强的科技感，许多这类商店用银色或乳白色来表达这种性格；首饰珠宝等商品的展示背景则采用深红色、黑胡桃木色，并配以暖色调的灯光，以体现商品的华贵；化妆品专柜的色调则以浅色为主，以体现其细腻的产品特性；美容、美发专店的色调则以浅色为主，以体现新潮时尚的特性（图8-2）。

2）有利于营造广告效应

商业建筑的色彩设计要尽可能地发挥其广告作用，最大限度地刺激人的购买欲。为了使广告效果鲜明、突出主题，既可用大面积的鲜明色调吸引顾客，也可用大面积的低调色来衬托出小面积的鲜明主题色来吸引消费者。良好的购物环境色彩可以创造热烈的销售气氛。如在商场内悬挂色彩醒目的商业广告或装饰物，商业建筑门前的彩色气球或彩色充气卡通造型，也能起到营造广告效应的作用。

3）有利于展示行业文化

商业建筑进一步细分，又有许多不同类型，而不同类型的商业建筑有各自不同的行业文化特色，如餐饮、服装、日杂、娱乐等。餐饮建筑为了促进人的食欲，通常采用明快的色彩。人们熟悉的麦当劳、肯德基这类快餐店就采用大红色为主色调。一些冷饮店则采用纯白、浅绿、湖蓝等清爽的色彩。还有某些传统小吃店采用木质本色，色彩古朴而亲切。以色列的海底餐馆，为了促进消费，色彩鲜明的室内配以窗外的海底景色创造出奇异、梦幻般的气氛（图8–3）。

服装店可以根据其商品类型来选择建筑色彩，男装店色彩沉着、稳重，常用深色系、灰色系的颜色；儿童服装店可创造色彩活泼的氛围，常常采用红、黄、蓝等原色。服装店还可以根据企业品牌定位不同来设计建筑色彩。比如一些运动服装品牌，建筑或室内以素色做背景，并配以抽象的纯色标志，形象富于动感，其运动的主题鲜明。

另外，书店的色彩设计宜淡雅、朴实；歌厅、舞厅、酒吧的色彩大都设计得比较夺目、活泼与浪漫。

商业建筑根据其分布情况不同，又可分为聚集型和线型。聚集型的商业指相对集中的商业区；线型的商业建筑指按条状设置的商业区，如各种商业步行街等。在设计线型商业街时，不仅要突出其商业门类特色，还要注意整条街的风格统一，形成良好的整体气氛。如宁波南部商业区水街，一河蜿南北，两岸临坊肆，整体建筑群既有着江南水乡韵味、又有着现代商业时尚气息（图8–4）。

对于聚集型的商业空间（如大型商业广场、大百货公司等），它们的外观色彩主要依靠外立面进行展示，而外立面色彩效果是通过墙面、窗户、屋檐、广告牌等的色彩实现。在设计这些色彩时，不仅要考虑建筑与周围其他建筑及环境的整合，并要突出建筑本身的特色。

单体商业建筑要特别注意入口色彩的设计，可以用鲜艳单纯的色彩来突出入口。商业建筑的广告牌色彩可以与相关企业的标志色呼应，也可以与外墙色彩在色相、明度、纯度上产生对比。但广告不宜过多占用外墙面积，不宜无计划的到处张贴，否则会产生色彩污染，影响整体效果。

到了夜晚，由于不同色光的投射，商业建筑的面貌会有所变化，呈现出与白天不

图8–3 以色列的海底餐馆，色彩鲜明的室内配以窗外的海底景色创造出奇异、梦幻般的气氛

图8–4 宁波南部商业区水街

图8-5 步行街夜景灯光色彩营造了繁华、热闹的气氛

尽相同的色彩特点，其受光面、背光面、阴影面有不同的色彩情趣。在进行该类型建筑色彩设计时，夜间照明的设计不容忽视。建筑照明方式可分为外投光和内透光。外投光又可以分为泛光照明、射灯照明、重点照明、轮廓照明。商业建筑多采用彩度较高的多色光进行照明，以营造繁华、热闹的气氛，如图8-5所示步行街的夜景照明。

8.2 居住建筑

居住场所是人们在工作之后，放松身心的地方。根据居住建筑的功能特点，色彩应给人们的生活带来喜悦、轻松、舒适、愉快的心理感觉，并为环境注入生机。同时，色彩又是表达居住建筑性格和人文环境气氛的重要手段。如南方山地民居吊脚楼，其赭石色的木质结构架空于地形错落处所形成的明暗关系，小青瓦挑檐屋顶所加强的黑白灰光影层次，以及隐现于青山绿水之中起翘的白色屋脊，都使得建筑显得分外轻盈质朴（图8-6）。而北方风沙多，民居的色彩则相对沉稳。气候炎热的地区，人们在住宅配色中多用冷色调，而寒冷地区则一般采用暖色调。同时，住宅的使用性质是以居住为主还是以度假为主，均应在色彩设计方面作不同考虑。

居住建筑中的环境色往往占有较大的比重，如环境色是多色的，建筑物本身可选择无彩度色，甚至是白色，在突出自我个性的同时，还能起到平衡环境的作用。

现代郊区住宅区，相对市区而言基地较大，住宅一般结

图8-6 阳光下轻盈质朴的南方山地民居

图8–7　郊外住宅区柔和的蓝色调与自然融为一体

合山体、园林、水景来布置，使用性质以度假为主，康乐设施齐全，住宅在自然环境中起点缀色作用，故尽可考虑其“图底关系”，选用柔和的色调，如白色、原木色、近似色系列，如图8–7所示。

根据规模组织，居住建筑可分为独立式住宅及小区住宅等。对于独立式住宅，其色彩设计可根据住宅结构特点分别“上色”，墙面、门框、窗框、屋顶均可使用不同的色彩，使其色彩具有互相衬托的大关系效果。对于成片的小区，可以分区域制定主色，这样住户容易辨认自己居住的区域。设计居住建筑的色彩时还要注意垂直方向色彩的分层设计。高层部分和屋顶的颜色会影响到城市的天际线，对城市整体风貌的塑造有着重要作用，色彩宜轻，否则容易给人造成压迫感。中间部分是高层部分和低层部分的衔接处，所占比例最大，色彩应选用偏中性的、沉着的色彩。低层部分与人的接触最频繁，采用厚重的色彩可加强高层建筑的稳重感，同时应多一些色彩变化，使整体效果更加丰富。另外，对于某些建筑外墙显露的各种管线，可以采取用墙面的近似色甚至完全同于墙面的颜色将其进行色彩弱化，否则很容易造成色彩污染。

居住建筑可以说是与人们生活最为密切的建筑形式之一，其色彩设计应体现地域特色及文化属性，以强化居民的归属感。如今，千篇一律的城市面貌已引起了人们越来越大的反感，城市在面向未来的同时，也在不断地追寻着属于自己的历史符号。在居住建筑色彩设计中引入地方特色，可以丰富建筑色彩文化，塑造城市形象的个性魅力，同时也能增强人们对居住环境的心理认同感。

8.3　医院建筑

医院建筑色彩宜以浅色为主，局部可用少量对比色彩作装饰，适当配以绿化作陪衬，创造一个雅致、宁静的环境。医院建筑中色彩选择必须要研究色彩给病人所产生的心理效应及生理效应。色彩的心理效应是通过生理效应产生的，亦即通过眼睛感知，再由大脑得到。人受到色彩的信息以后，产生对色彩的各种反应，对人的身心产生不同的影响，能左右人们的情绪和行为。这是色彩从生理到心理造成的作用。例如，赭石可以使血压升高，黄色则可以使血压降低。浅蓝色有利于高烧病人的体温下降，粉红色有补血、养心宁神的作用，淡紫和淡绿都有镇静、安定的作用，能治疗神经衰弱。有关色彩生理效应的研究表明，光谱的“红、橙、黄、绿、青、蓝、紫”与人的色彩兴奋到消沉的刺激程度完全一致。在光谱中的黄、绿、青色称为生理平衡色，处于光谱中段的绿色被称为最典型的“生理平衡色”。研究表明，人类的大脑和眼睛需要生理平衡色，如果缺乏这类色就会变得不稳定，难以获得平衡和休息，这也是视觉残留现象的根源所在。

在第二次世界大战后，美国的色彩专家率先将“色彩调节”技术应用在医院的手术室中，将白墙刷成绿色，不但稳定医生的情绪，还可消除医生久视血红色产生的视觉疲劳。这一改进大大提高了医生的工作效率和改善了患者的治疗心理。如图8-8所示，上海爱尔眼科医院，巧妙地利用室内色彩来调节患者的情绪。

在进行建筑色彩设计时，如果能了解色彩的功能特性并加以运用，会有助于缓解疲劳，抑制烦躁，调节情绪，改善机体功能。美国色彩学专家吉伯尔（W. Gerberg）认为色彩是一种复杂的艺术手段，可用于治病。温和欢愉的黄色能适度刺激神经系统，改善大脑功能，对肌肉、皮肤和太阳神经系统疾患有疗效。因此，在现代医院设计中，浅色调的米黄、乳黄成为医院室内色彩的基调，而不是以前人们通常认为的白色。紫色可以松弛神经、缓解疼痛，对失眠和精神紊乱可起一定调节作用。紫色还能让孕妇安静，在产科病房中可以选用浅紫罗兰色调。平静的蓝色能舒缓肌肉的紧张，松弛神经，适于五官科病房选用。

8.4 教育建筑

教育建筑根据功能特点，其色彩设计应突出教书育人的性质和浓厚的文化气韵，有利于学生的身心健康发展。具体而言，教育建筑的色彩设计应满足以下几点：

1）符合学生审美心理及校园特征

教育建筑可分为幼儿园、中小学、大学、公共教育部门（如各类图书馆、博物馆）等等。幼儿园建筑色彩设计应符合幼儿天真烂漫的特点，多采用鲜艳活泼的色彩，有助于儿童想象力的培养。小学学校的色彩要欢快、松弛，给学生创造轻松自由

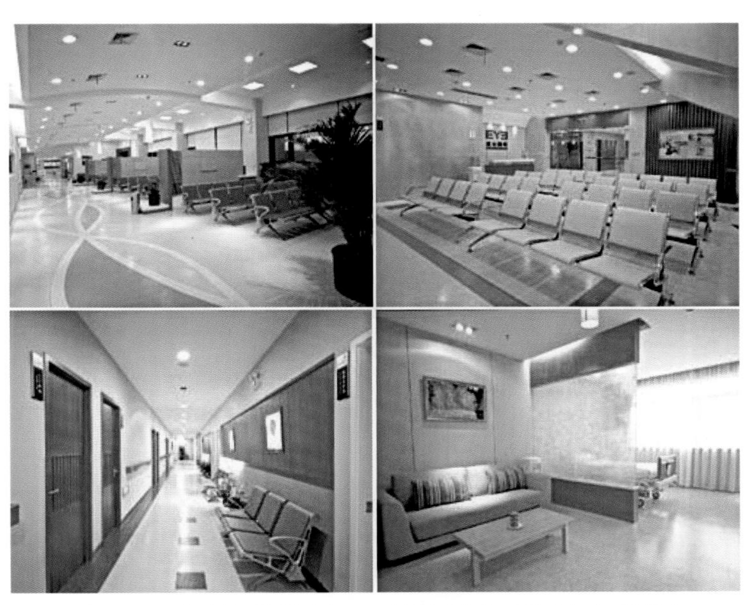

图8-8　上海爱尔眼科医院，巧妙地利用色彩调节患者情绪

图8-9 深圳万科四季花城小学，色彩欢快

图8-10 色彩庄重的墨尔本大学建筑，具有浓厚的文化气息

的学习气氛（图8-9）；中学的色彩环境应体现青春朝气、积极向上的特点；而大学的色彩环境应相对庄重、平和（图8-10）。

2）利于提高学习效率

教育建筑是学生学习的场所，其中各种环境元素都应利于提高学习效率。教室及图书馆等建筑的室内色彩可以采用浅冷色调，以利于学生精力集中。对于学习空间所摆放的家具，应做好其表面的光、色处理，避免产生眩光。室外的课间休息场所则可配以醒目的暖色调，以刺激学生的感官，使其能经过短暂调整后以饱满的精神进入下一轮的学习。

3）体现文化积淀及学术气氛

对于有一定历史的中学或高等院校，其建筑色彩宜体现出深厚的文化底蕴及浓郁的学术氛围。如湖南大学号称千年学府，其历史可追溯到公元976年创办的岳麓书院。为了体现这一悠久的文化历史，校园建筑风格围绕中国传统建筑式样展开规划，如图8-11所示，与书院在同一轴线的湖南大学老图书馆，采用传统的绿色琉璃瓦屋顶和清水红砖墙，给人古朴、庄重的历史感。

图8-11 湖南大学老图书馆

8.5 工业建筑

随着技术与观念的发展，现代工业建筑的造型越来越丰富，早已脱离了以往人们心目中的单调、刻板、机械的色彩模式。工业建筑的色彩应体现以下几点功能：

1）划分功能区

色彩在工业建筑中的运用首先表现在功能分区上。大、中型企业的工艺流程比较复杂，建筑物和构筑物等项目比较多，在合理布置总平面的同时，可以应用色彩作为功能分区的标志，如图8–12。

2）缓解疲劳，提高生产效率

工业建筑生产空间的室内色彩设计能直接作用于工人的视觉和心理，若能妥善处理，能在一定程度上改善工作条件、降低疲劳，从而减少事故和操作差错，提高生产效率，利于安全生产。一般来讲，厂房室内环境以明快色为主调，若长期处在灰色环境中会降低兴奋度，使人产生疲惫感。在厂区，采用色彩柔和的墙体或彩色的结构构架作为活跃元素，能缓解因长时间聚焦而引起的紧张，使人们在视觉上和心理上得到放松和休息。

3）提示安全信号，保障生产安全

因为色彩具有明显的警戒与识别作用，工业建筑的入口、楼梯、门、栏杆，以及管道、电气母线、吊车司机室、吊钩、消防设施和危险区域等，必须选用高纯度、高明度的色彩作重点处理，使它们与基本色调产生对比，发挥色彩的标志作用，从而吸引视线的注意或给予危险设备提示。以上处理手法在工业建筑设计当中已得到广泛的运用。

4）丰富建筑造型，体现企业风采

现代工业建筑用色既可符合特定类型工业建筑的风格定位，又能够通过色彩反映结构体系，实现力与美的和谐统一，同时也能利用色彩的视觉感受来调整建筑形体，弥补“建筑设备化”所带来的造型上的不足。现代工业建筑外形往往比较规整，显示着生产秩序性，在形体上难免会出现机械呆板的样式。由于色彩具有多种造型功能，运用色彩可以在原有的造型基础上对建筑进行美化和再创造。对于形体上的

图8–12　厂房区用色彩进行功能分区

图8–13　利用色彩对厂房的外形进行再创造

不足可通过色彩进行调节，从形状大小、纹理质感、比例尺度、位置方向以及空间变化等多方面加以处理。对于工业建筑来说，其大部分投资将会用于生产设备和外部围护结构，运用色彩构成的方法进行造型，不会造成多余的空间浪费，也不会带来结构影响。因此，运用色彩构成方法装饰工业建筑是相对经济而简便的造型方法，如图8–13。

利用色彩对工业建筑进行装饰的同时也要注意减弱位于市区的工业建筑与城市公共建筑在形象上的差异，色彩运用应与周边的建筑及环境相协调。大型的独立工业园的色彩设计则应统一规划，对不同的空间层次要加以区分，既不失工业建筑的特色，体现企业文化，又要创造亲切宜人的内外环境。建筑的外部色彩相对于建筑形体，更少受到内部工艺流程的限制，色彩构成设计具有较大的创作自由，可与产品的商标、包装形成系列设计，通过色彩语言来体现企业风采。

8.6　类型建筑色彩的研究方法与设计步骤

无论哪种类型的建筑，都有其独有的建筑性格。为了使建筑色彩为其特定的功能服务，并与周围环境相得益彰，在进行建筑色彩设计时，一般遵循以下的研究方法和设计步骤：

1）实地考察调研法

实地考察调研法是为了设计某一类型建筑的色彩，而对已有的该类建筑进行实地考察调研。该方法需要对已有的该类建筑的常用色彩、基本色调，入口、窗户等重要建筑部件的色彩进行分析和比较，得出一般性结论和设计构思启示，以便在该类型建筑的色彩设计时得到借鉴。

2）心理调研法

将几种不同地段拍到的同类型的建筑照片拿给不同年龄组的实验对象观看，要求实验对象作出评估，评估涉及“吸引力”、“大方”、“醒目”、“愉悦”、“简洁”、“适度”、“压抑”、“不和谐”、“太刺激”等众多心理因素。研究人员总结评估结果，得出符合公众心理需求的色彩设计方案。

3）设计六步法

法国巴黎“三度空间色彩设计事务所”的色彩设计师让·菲力浦·朗科罗和日本CPC机构共同确立了一套色彩设计的方法，应用到类型建筑的色彩设计上时，可以参照以下六个步骤进行：

制订色彩计划——展开基地调查——模拟分析比较——进行建筑色彩设计——现场测试检验——实施、指导、调整、改进。

在进行类型建筑色彩设计时，要善于运用色彩学的理念，结合建筑的功能性质、环境条件及其建筑物所要表达的艺术气氛来进行，使设计出来的色彩让人感觉悦目舒适。

思考题：

1. 怎样以色彩塑造不同类型的建筑的性格？并结合一种建筑类型阐述。
2. 运用类型建筑色彩设计知识，分析你所在的校园建筑的色彩设计
3. 你怎样理解在色彩设计中，形式与功能的统一原则。
4. 按本章第6节所示的“心理调研法”做一次关于某建筑的社会心理调研，并总结评估结果。

第9章　室内色彩设计

9.1　室内色彩设计原则

在室内设计中，色彩的设计无论是对于室内空间的表达，还是对于室内材料的体现都不容忽视。室内色彩设计主要考虑以下五个方面：

1）时空性

人的生活和工作的大部分时间都是在室内环境中度过的。因此，室内色彩无论在时间或空间上都与人的日常生活紧密相连，色彩带给人的情感因素在这里起到了关键作用。在进行室内色彩设计时，应考虑人们长期处于这样一种色彩环境中的心理感受，使人居于室内的全过程中不至于感到厌倦和不适。

2）公众性

室内色彩设计一经确定，就创造了一种环境。人一旦进入这个环境，就会强烈地感受到这个环境的色彩，无论喜欢与否，室内色彩对人的欣赏是强制性的，人们必然会形成一种对这个环境的心理情绪。因此，室内色彩设计不应该仅是反映某个人的色彩特殊爱好，更应考虑大众的审美要求，以达到一种雅俗共赏或一致认同的色彩效果。这一点在公共空间的室内色彩设计中尤其重要。

3）功能性

室内色彩设计必须充分反映室内空间的功能，这是由色彩的特性所决定的。不同的颜色搭配，可以满足不同的功能要求，反映不同的室内空间特性，这就是色彩设计完成后所形成的一种环境氛围感。例如，儿童活动空间的色彩是绚烂、动感、和谐、快乐的；医院病房的色彩是淡雅、洁净的。浅绿、淡蓝、粉红、雪白是医院室内常用的色彩，而科技办公楼的公共空间为了突出安静、智能、高科技等性格，则多用冷色为主调，如图9-1所示。

图9-1　办公楼公共空间通常都是冷色为主调，突出安静，智能，高科技的空间性格

4）审美性

大自然赋予人们的是

一个千变万化、丰富多彩的世界，无论是人为景观还是自然景观都是以各种各样的色彩通过视觉反映到头脑中而产生种种色感。自古以来，人们就在日常生活中使用着颜色，并享受色彩变化带来的快乐。人们在自己的室内环境中也多用色彩来表达自己对美的感受和追求。因此，在进行室内色彩设计时，要运用色彩的语言，创造符合使用者的审美需求的环境空间。

5）象征性

色彩一直以来伴随着象征的意义融入文化的发展中。色彩象征的本质是人以外在色彩环境的普遍性存在，它反映了人的内在色彩生命的本能需要。色彩象征是古代东西方各民族运用色彩的主要精神内容和依据。

直到现代社会，色彩的象征意义始终表现在室内设计色彩中。色彩的象征手法总是体现在表达人类情感、祈求幸福吉祥、展示个性风格、维护等级次序、模拟宇宙天象等各个方面，同时也使室内设计表现出更深层次的文化含义。

9.2 室内色彩设计的方法

室内色彩作为一个重要的设计要素，在某种程度上，其评判标准主要看其是否协调和谐，是否符合场所环境。每个人的主观审美观点不同，对同一空间也会有不同的色彩设计方案，因此，室内色彩设计的方法并无固定模式可循，这里只作一般的色彩设计方法步骤的介绍。

9.2.1 确定主色调

设计是一门讲求整体效果的学科，对于室内色彩设计而言，应当综合考虑建筑设计与室内设计的连贯性、共通性。在确定色彩时，首先必须了解建筑的性质和室内的具体机能，理解建筑设计的整体风格和设计思想，然后再了解室内的使用者对空间使用的特殊要求，以及使用者在这一空间中的主要活动内容、使用频率等。在此基础上，结合建筑设计的风格概括出室内设计氛围的核心内涵和主体色调。例如医院的色彩以浅绿、淡蓝、雪白等色彩为主调，营造一种宁静、淡雅、平和的情境。中式传统风格的餐厅设计色彩的主体色调多使用中国人喜爱的红、黄等暖色系的色彩，而宾馆则多采用白、米黄等色系营造一种洁净、尊贵、精致的色彩氛围。

在主调确定后，还应当考虑色彩的布局及比例分配。一般来说室内往往有背景色、家具色和点缀色之分，背景色是大面积的色，如墙、顶、地面等使用的色彩，形成室内的主色调，占有较大的比例；家具色是室内占统治地位的家具、布艺等物体所呈现的色彩；点缀色是用于美化室内的工艺品（如壁画、陈设工艺、雕塑等）的色彩，主要用来丰富色彩变化、活跃色彩气氛，往往有画龙点睛之效，其所占的比例虽小，但容易成为室内的视觉焦点，引人关注，可给整体的色彩环境增添活力。

常见的色调主要有以下几种：

1）橙黄色调

以橙色系为基调的色彩是最暖的色彩，它让人联想到温暖的阳光，金色的秋天，丰硕的果实，因而产生一种富足、快乐而幸福的感觉。

在餐厅的室内装饰设计中，橙色是最常用的一种色调，橙色调的餐厅往往能增进

图9-2　橙色灯光装饰的餐厅

图9-3　橙黄色调为主的室内接待空间

人的食欲。如图9-2，就恰到好处地运用了橙色的这一心理效应使餐厅达到了满意的效果。

以橙黄色为基调的室内色彩给人温馨、浪漫、活泼之感。在黑色的衬托之下，橙黄色更加醒目而表现强烈的热情，许多室内的接待空间常用这种色调来营造气氛。如图9-3所示。

2）红色调

红色是生命的象征，鲜艳的红色强烈、热情，让人感觉充满活力，中国传统习惯中更将红色定为吉利、喜庆、繁华的象征。粉红色柔和而充满浪漫之感，深红色豪华而稳重，淡红色调则常应用于餐饮、娱乐、商业空间。

如图9-4所示是某高校学院内部的一个咖啡厅，该学院内部墙面原先全以灰色调构成，故设计者在其间的咖啡厅采用大面积的红色玻璃隔断，有效地打破了原本沉闷的室内气氛，强烈的视觉冲击给人一种热烈而兴奋的情绪。

图9-4　某咖啡厅的室内运用红色活跃环境气氛

3）绿色调

绿色是生命的象征，它意味着清新、自然、舒服、轻松与优雅，在室内恰当运用绿色会使人沉浸在一种回归自然，放轻身心的心境中，如图9–5所示。

图9–5 以苹果绿，淡绿为主调的室内

4）蓝色调

蓝色是深邃安静和智慧之色。蓝色容易让人联想到蔚蓝的天空与大海，是备受用户喜欢的颜色。它没有红色那样热烈，不像黄色那样耀眼，它意味着清爽、舒服、高雅、端庄与理智。蓝色在室内环境设计中，不仅使生活充满了情趣，更赋予了象征理智、冷静的意义。

图9–6的业主是位沉静、理智而富有探索精神的艺术家和天文爱好者，以蓝色系布置室内空间正是设计师把握了业主的性格和爱好而产生的灵感。

5）紫色调

紫色历来被尊为高贵、神秘、优雅的颜色，在中国古代文化中，紫气象征着神仙的祥瑞之气。偏红的紫色令人感觉愉快，偏蓝的紫色令人感到稍许沮丧，浅淡的紫色柔和而浪漫，让人感觉高雅。在室内环境色彩设计中，紫色的恰当运用，将会产生独特的温馨气息。如图9–7所示为一家偏红紫色的餐厅。

图9–6 某室内的蓝色调符合业主沉静和理智的性格图

图9–7 偏红紫色的餐厅

图9–8　白色调为主的室内

图9–9　以黑与灰色组合的室内

6）白色调

白色是明度最高的颜色，是纯洁无瑕的象征，给人一种洁净、温柔、祥和、清纯、淡雅、朴素之感。在室内设计中，是被应用最广的色彩，平淡中体现雅致，且极富现代感，如图9–8所示。

7）黑与灰的组合

黑色是高级、稳重、踏实、理智、成熟的色彩，灰色却给人平静、素雅之感。黑与灰的组合色调往往带有一种神秘的艺术气息，能较好地与其他色系搭配，是室内色彩设计中不可缺少的稳定色。

图9–9中以黑色为主色调的空间营造出一种庄重而沉静的气氛，让人产生一种悠然怀旧的历史情结。

9.2.2　设色原则

确定了主体的色彩基调之后，就可以进入具体的色彩设计阶段。在色彩设计中，没有不好的颜色，只有不好的组合。室内色彩设计不应只是简单地套用现成的公式，而是要充分发挥想象，不断实践，不断进行色彩分析、比较、搭配，才能真正体现出其独特的色彩魅力。在这个过程中，应当遵循由主体到陪衬，由大到小的设计步骤来保持色彩设计的整体感和主次感。

1）与室外环境的呼应

在做室内整体色彩设计时，应当充分考虑光线与色彩的关系。没有光线，就谈不上色彩。现代室内设计中，在有限的空间里应尽量减少家具的布置，使采光与通风达到最佳程度。一般情况下，白天应以自然采光为主，充分利用明亮的玻璃窗和控制光线照射强度的窗帘，以适应室内对不同光线的需要。在强调环境意识、强调人与自然和谐的背景下，在做室内色彩设计时应当考虑室内与室外自然环境的呼应，让人更多地感受到自然气息。

2）表现色彩节奏

色彩的创意设计应既简洁又丰富，运用好色彩的重复与呼应、处理好色彩的节奏

图9-10 红、白、黄小色块重复出现，活跃了整个室内空间

图9-11 多种材料的巧妙组合，形成富有个性的室内空间

是室内设计中重要手段。将一些能表达设计概念的颜色用在几个关键的部位，可以控制整个室内空间。如家具、窗帘、地毯、饰品设计成同一色系，在明度和纯度上产生差异，而其他色处于从属地位，就形成了一个既富有变化又相互联系的色彩空间。如图9-10所示，背景墙中红、白、黄小色块的重复出现，既活跃整个空间氛围，又呼应了红色的沙发。

3）追求个性化的色彩特色

在越来越讲究个性特色的时代，在进行室内色彩设计时应尊重和注意使用者的性格与爱好。

色彩运用到室内装饰的主要目的是创造一种气氛，体现一种风格，形成一种感觉。在色彩组合上，现代社会越来越呈现一种多元的变化与组合趋势。比如木头、石头、皮革、金属、玻璃及竹藤制品等巧妙组合，由于其纹样、色彩、粗细、实与虚的质地变化，便产生了多样的，极具特色的个性化效果，如图9-11所示。

4）在对比中求统一

色彩统一的方法主要有两种，一是近似色统一,二是矛盾色统一。无论是近似色对比还是矛盾色对比，它们都是通过色相、冷暖、纯度、明度等各要素的对比使色彩鲜明、夺目。运用对比手法需谨慎，因为色彩对比一方面可以丰富和活跃色彩的表现效果，而另一方面也有可能造成视觉上的过分冲突，这就需要设计者适当地把握对比的两色之间的比例与结构，以取得在对比中形成统一的整体感觉。

如图9-12所示的办公室空间，在本章第1节中已提到，办公空间通常以冷色调为主，该设计一反常规，采用红、绿、黄三种颜色相互搭配，形成一种活跃热烈的公共氛围。

单一的色彩好比是词汇，只有丰富的词汇才能组合成完整的语言，而完整的语言才能表达人的精神追求。同样，丰富的色彩才能组合成色彩语言，只有优美的色彩语言才能塑造令人满意的空间意境。

图9–12　红、绿、黄为对比的办公环境

思考题：

1. 怎样理解室内色彩设计的时空性、公众性、功能性和象征性？
2. 设想为你自己的生活空间进行室内设计，你会选择什么主色调？为什么？

第10章 城市环境色彩及其色彩污染

城市是人类聚集活动的中心，在漫长的城市发展历程中，人们总是不自觉中运用色彩原理进行城市建设。色彩是构成城市独特风貌的一个重要因素，随着人类的发展越来越多地被关注，不少历史名城都有自己的色彩基调。城市色彩的好坏，对居住在城市中人们的心理和生理有着相当大的影响。只有科学地运用色彩，才能美化城市。因此，色彩的选用，是城市建设中所必须重视的。

城市色彩环境是城市设计特别是历史文化名城建设所关注的问题。目前，中国大部分的城市在高速发展及扩容过程中，由于色彩规划失控而忽视城市色彩的整体协调与美学感受，造成了城市色彩混乱，形成了城市色彩污染，甚至影响了人们的生活状态。因此，城市色彩污染问题已引起全社会的普遍关注。

10.1 城市环境色彩与城市建设

城市色彩伴随着城市的出现而出现，并与之共同发展，它直接反映了城市的历史文脉和整体风貌。在中国古代，城市色彩是阶级等级的一种反映。北京城留存的建筑清晰地表现出色彩符号在封建社会中的等级：皇家宫殿的黄色屋顶；王府的绿色屋顶；普通民居的灰色屋顶。在西方古代，希腊人用色彩去加强他们大理石神庙的视觉效果，把群像雕塑装饰的山墙正面涂成淡蓝色或赭石色，给城市增添了神圣与庄重之感。

在现代社会，不同民族、不同地域的城市色彩体现了不同的面貌，如中国江南小镇的灰瓦白墙；意大利、西班牙等南欧城市的红、黄、橙等暖色调；美国以及北欧城市喜欢的蓝色等。丰富多变的色彩搭配，是各个民族审美趣味的结晶。一座城市的传统色调若被随意破坏，等同于其历史文化被破坏，城市历史文脉的传承也将被打断。因此，对城市而言，色彩是保持其城市个性、延续其历史文化的重要因素。

在中国社会高速发展过程中，新材料、新技术、新思想的出现，对城市的发展建设产生了空前的影响。越来越多风格各异、色彩斑斓的建筑并立，各式各样的霓虹灯、广告牌充斥着我们的视觉，这其中不和谐的色彩因素大大破坏了城市的整体形象。“色彩是视觉最响亮的语言”，人们对色彩有着很高的灵敏度，越来越多的设计师开始从城市色彩的角度探讨城市建设问题，从色彩的角度制定城市规划，控制城市色彩的建设，从而达到改善城市建筑色彩无序的状况的目的，创造出宜人的城市色彩环境。

城市色彩是城市的主要景观元素，它是体现城市风貌的重要组成部分，在某种程度上直接反映了城市居民的文化素质水平和城市的精神风貌。由此可见，城市色彩在一定程度上体现了城市的现代文明程度。

10.2　城市色彩的恒定色与非恒定色

城市色彩景观的组成因素包括城市环境中的一切可视因素，如建筑、雕塑、树木、天空、水体以及各色的广告牌、路标、交通标识等。但这些可视因素并非全是相对稳定并为人们所控制的。有的物体的色彩在相当长的时间里相对稳定,有的则会随着时间、气候、温度的变化而变化。法国色彩学家让・菲利普・朗克洛（Jean.Philippe.enclos）在其著作《色彩地理学》中，按照色彩的时间性将城市环境的色彩组成分为恒定色彩和非恒定色彩。

1）恒定色彩

在相当长一段时间内保持相对稳定的色彩称为恒定色彩。

对于一个城市来说，人工元素中建筑物、建筑小品的色彩是相对稳定的，其色彩具有相对的永久性。建筑是一个投资大、建造时间长且使用期限也较长的特殊产品，一旦建成便会在较长的时间内存在（一般性建筑的耐久年限为50～100年，重要建筑的耐久年限为100年以上），对周围环境产生长时间的影响。因此，建筑色彩的确定应该经过谨慎地设计和取舍判断，否则给周围环境带来的危害是长久的。

2）非恒定色彩

在较短的时间内（相对建筑物的耐久时间）发生颜色改变的色彩称为非恒定色彩。

（1）非恒定的自然色彩

自然元素中如天空、大气、植物、水的色彩是非恒定的。如图10–1所示，自然景

图10–1　非恒定的自然色彩

观的色彩随季节和气候的改变而变化。“山有四时之色：春山冶艳而如笑，夏山苍翠而如滴，秋山明净而如洗，冬山惨淡而如睡。”这是古人对自然界山的描述。我国广大地区一年四季色彩分明，春天嫩芽吐绿，夏天花红叶茂，秋天黄叶满地，冬天白雪皑皑。但是，对某一特定城市而言，这种变化的规律却会因其特定的自然条件而存在一定的稳定性。例如北方一些城市常年被冰雪覆盖，呈现白茫茫一片的景象；而春城云南则四季如春，绿色成为城市的主色调。自然界的色彩变化是丰富动人的，即使在同一天中，色彩从早到晚都在发生着变化。因此，城市色彩景观规划设计时，需要对非恒定的自然色彩因素进行充分的考虑。

（2）非恒定的人工色彩

非恒定的色彩除自然色彩外，也包括在现代城市发展中出现的广告、标牌、市政标志、城市亮化工程有色光等人工色彩，这些色彩在一定的时间内变化的频率次数多，且完全由人工控制，我们把这些色彩称为非恒定的人工色彩。

图10–2　广告——非恒定的人工色彩

现代社会的商业性和竞争性要使广告以最大面积、最多频率、最显著位置以及尽可能鲜艳的色彩来吸引城市居民的注意力，随处可见的广告肆意地覆盖着建筑立面，与原来建筑造型格格不入，给城市环境和色彩景观带来了严重的破坏，如图10–2所示。这些非恒定的人工色彩发展越繁荣，对城市景观的影响就越不容忽视。因此，城市人工非恒定色彩的控制是塑造城市景观的必要手段。

10.3　城市环境色彩污染产生的原因

1）缺乏行之有效的理论指导

城市面貌是一个地区经济发展程度、居民生活质量和地域文化传统最直接的反映。改革开放以来，由于经济快速发展，城市化进程日益加快，我国城市设计的理论研究在20世纪80年代就已经开始，但城市的发展速度远比城市设计的政策指令要快得多，以致建设中的城市普遍存在“建设失控”和“建设性破坏”的现象，在城市色彩设计方面尤为明显。国内关于建筑色彩的研究多集中在建筑单体或某个小区的微观层面，没有从城市整体和历史文脉等方面进行宏观而系统性的研究，城市色彩规划条例缺乏可遵循性，街区或产权所属单位以及广告公司只能依靠各自主观认识来决定建筑的颜色。出于同样的原因，管理部门也无法对上报方案进行有效的审批和控制，结果导致整个街道、城区乃至城市的总体色彩杂乱无章，不和谐因素随处可见。如图10–3所示是某建筑急于改变现状而造成色彩污染。

建筑材料的色彩决定了建筑的色彩。过去，由于建材具有地域性，建筑以及街道的色彩也就形成了地域性。城市建筑由于取材于自然，再加上有相对稳定的文化观念，往往能够获得特有的色彩效果。在中世纪欧洲的城镇中，每个城镇在色彩上都会

图10–3　某建筑急于改变现状所造成的色彩污染

强调个性，故具有唯一性。这种唯一性与当地建筑材料联系在一起。因此，相邻近的城镇虽有不同，但是差别较小，而相隔一定距离的两个城镇在面貌上的差别则很大。

在21世纪的今天，作为现代工业制品的建材早已成为商品在世界各地流通，建材地域性限制几乎为零。随着社会的发展，面对多元文化的冲击和新材料新工艺的出现，建筑色彩在城市环境中逐渐呈现出混乱的局面，从而导致了今日的城市面貌大同小异，不管走到哪里，都会有玻璃幕墙、瓷砖墙面、金属构件、混凝土预制件、塑料构件等，其结果是几乎每个城市都具有相同的色彩。如果城市色彩设计不注重特色，那么城市将出现“千城一面”的单调局面。

城市标志色可以作为建筑、标志、字体、广告、展示、交通等识别标牌的基本色。城市标志色为城市形象识别设定了特定的色彩，为城市色彩的系统化、标准化管理提供可循的指导原则。北京是国内率先发起“建设城市主色调”的倡导和实践的城市，这说明我国对城市建设管理的认识已发展到一个新的高度。值得注意的是，在缺乏科学理论指导的情况下，短时间内实现大规模控制是很难奏效的。一切实践都应该在完善的理论指导下进行，否则即使有着良好的出发点，最终也难免事与愿违。

2）城市色彩面积控制不当对城市环境的污染

据资料表明，色彩是影响感官的第一要素。在视觉两大构成因素“形”与“色”之中，人类对色彩的敏感力为80%，对形状的敏感力约为20%。根据色彩理论，占据画面构图面积70%以上的色彩是主色。在组成城市色彩景观的所有控制性的人工元素中，建筑本体无疑是最主要的因素，因为在城市景观的视域面积组成中，建筑无论“形”还是“色”都占有相当大的比例，其他诸如建筑小品、街道铺贴、市政标志、城市广告等人工元素所占的画面面积则相对要小得多。

通常把建筑色彩与自然景观相似的情况称为建筑色彩和自然色彩的调和。为了达到这种统一，就将建筑色彩简单的设计为自然景观色，未免过于机械化。当建筑物的体量很大时，在其表面上涂刷与环境景物相似的色彩，会由于色彩面积过大反而显得十分不自然。设计时应从建筑材料的本色入手，使建筑材料的本色与周围环境相协调。在有四季变化的自然景观中设计建筑色彩时，应在建筑物色彩面积方面有所控制，使之不管在哪个季节都能取得调和的效果。

当建筑色彩和自然景物有某种程度的对比时，也能获得另一种调和的效果。但若在建筑物上大面积使用和自然景观色互补的色彩时，则成为过分刺激甚至互相孤立的配色。

高彩度的颜色在建筑色彩中不能大面积的使用，因为它们的刺激性太强，不能营造一种沉稳安详的气氛，容易给人造成心理压力，形成色彩污染，建筑形象会因为色彩太夺目而显得不和谐，如图10–4所示。

图10–4 大面积使用高彩度颜色所造成的色彩污染

3）城市色彩彩度控制不当对城市环境的污染

据考察：日本某些大城市街道景观显得混乱的其中一个重要原因就是色彩失控。从那些城市里的建筑外墙面的色彩调查发现，建筑的色调大都是从R到Y（即红到黄）的一部分暖色，在孟塞尔标色体系中，其明度数值为8到9的高明度，彩度则是2以下为主的低彩度，色域处于相当窄的范围，建筑物因为其色彩的明度、彩度控制不当，使人感到单调、生硬，从而失去色彩的活力与美感。如图10–5所示，某建筑大面积使用高彩度颜色而造成的色彩污染。

此外，城市中的高彩度招牌和广告牌、没有根据整体要求进行色彩设计的街道设施、密度很高的各色流动汽车等也会使街道的色彩效果很混乱，严重影响市民的心理状态。因此，在控制城市色彩彩度时，既要根据正确的景观设计规范来进行行政指导，还要根据市民的审美心理进行城市的色彩设计。

图10–5 大面积使用高彩度颜色所造成的色彩污染

4）城市建筑色彩构图把握不当造成的色彩污染

城市建设过程中，新老建筑的体量、高度、风格多种多样，只有从色彩入手，才能达到建筑群乃至整个城市环境和谐统一的目的。城市的建筑色彩构图，就是指如何通过色彩规律，处理好对称与均衡、节奏与韵律、衬托与对比、特异与夸张的形式因素，最终实现城市色彩整体统一的效果。

要消除城市色彩污染，对城市建筑的体量、尺度要作全面的分析，可以通过作色彩构图处理的方法，减轻尺度较大的建筑物给人们带来的心理上的压迫感。例如，在建筑物的一个立面的不同局部或不同立面分别使用不同的色彩，或建筑构件与建筑主体使用不同的色彩等，如图10–6所示。

当建筑物环绕在广场周边或是沿着河岸连续排列形成街道时，每栋建筑色彩构图时可追求丰富的变化，这样，街道会因为色彩的变化而显得生动。哥本哈根市的纽哈温（Nyhavn, Copenhagen）面向运河，是哥本哈根市最具有代表性的美丽色彩的街区，这个街区里各栋建筑物的配色构图虽然不同，但全体却容纳在一个统一的色调中。建筑色彩在这里既不单调沉重，又不纷乱刺目，给人统一、协调、和谐的美感。如图10–7所示。

图10–6　建筑立面合理使用不同的色彩，以消除大立面带给人的压迫感

图10–7　哥本哈根市的纽哈温（Nyhavn，Copenhagen）街区

10.4　城市色彩污染的危害

1）城市色彩污染损害城市人文环境的因素

城市是一个非常复杂的系统工程。城市色彩与城市历史一样悠久，关系到民族传统、地域文化、城市文脉，是历史积淀的过程。它反映该国家和民族的经济、文化特色，集中了全社会的物质文明和精神文明。而作为城市恒定色彩的建筑色彩则是塑造城市形象的重要因素之一。

无论是国家、地区或是城市，都会具有其特定的自然地理条件、历史文化和传统因素而形成的特有色彩，并展现在城市和社会生活中。色彩是表达城市历史传统和地方文化，反映城市形象气质的重要元素，如在欧洲一些城市，就民居色调而言，无论是佛罗伦萨还是阿姆斯特丹，人们很容易将之分辨。因此，如果一座城市随意破坏传统色调，则无异于背弃历史，城市也将失去其色彩魅力。此外，粗制滥造的"色彩垃圾"也会大大降低城市的品质。

研究一个城市或地区，表述其历史和文化的色彩语言，并将其合理地运用于城市未来的保护和发展建设中，对于在全球经济一体化趋势下发展地区文化、保护地方人文环境而言是一种积极而有效的策略。

2）色彩污染对人的心理状态造成的影响

在城市整体规划中，应该把建筑、环境、人文有机地联系在一起。色彩语言是抽象的，不同的色彩可以营造出不同的环境气氛，如兴奋与冷静、华丽与朴实、明快与忧郁等。我们生活在五彩缤纷的城市中，如果不注重环境色彩对人的心理作用，那么对人的精神、心理都会造成损伤。长期生活在不和谐的色彩环境中，心情会变得焦躁不安，易于疲劳，注意力分散、记忆力下降和自控力减退等，更严重的还会诱发神经衰弱、失眠以及精神性疾病。只有合理运用色彩，才能使观者获得共识和心理平衡。

3）色彩污染造成的视觉生理疲劳

色彩对视觉生理所产生的刺激作用主要来自于色彩张力。互补色的搭配、高纯度色的组合、明度的强反差以及等面积对比的色彩作品都会给观察者以强烈的视觉冲击。通过色彩对比运用而产生色彩的进退感和缩胀感、轻重感和软硬感、冷暖感以及视错觉都是色彩的张力表现。色彩是展示给人看的，视觉效果是衡量色彩作品的标准，不和谐的色彩使人容易视觉疲劳。

图10–8　色彩缤纷的广告损害了建筑的立面造型

据测定，市民经过广告牌时，平均只用10秒钟时间来阅读广告信息。因此，户外广告设计者们为追求广告的视觉冲击力，使之能在瞬间留给观众深刻的印象，而刻意制造出对视觉产生强烈刺激色彩的广告作品。众多商家争先恐后的追求具有强刺激色彩的广告效果，企图在芸芸广告中"脱颖而出"，从而导致户外广告过多，色彩令人眼花缭乱。繁杂、刺激的色彩既造成人们视觉疲劳，又破坏环境景观色彩的协调，如图10–8所示。

杂乱、对比不协调的色彩容易产生视觉污染，过于单调、呆板的色彩同样会使人产生视觉疲劳。现代建筑的风格和潮流一直处于变化之中，固定单一的标志色只会使城市色彩变得呆板，给人造成压抑、单调的失衡心理。例如南方某工业区里的建筑外墙色彩全是统一的灰色，缺少变化，工作其间的人们会因为单一的色彩而感觉压抑，甚至会产生悲观、厌世的情绪。

如果说城市建筑是凝固的乐章，那么不同的色彩就构成了其多彩的音符。确定一个城市的色彩基调，并不等于这个城市的建筑只能用同一种颜色，而是在一个主色调基础上进行演化和搭配，使各种色彩和谐统一，尽量避免混沌、纷乱、无秩序的使用色彩。

思考题：

1. 为什么说城市色彩污染已引起全社会的普遍关注？你认为当前城市色彩污染的主要原因是什么？

2. 请到所在城市进行一次色彩考察，找出若干色彩污染的实例，分析其色彩污染产生的原因，并指出应如何改造。

第11章　建筑色彩实例赏析

实例一　让黄色给我们阳光和健康

我们在本书中谈到黄色是所有纯色中明度最高的颜色，它象征高贵、辉煌、明朗、欢快、期待、知识、智慧、爱情等。中国古代，黄色是帝王的象征，通常用于宫殿建筑。在欧洲古典时期，黄色也被视为高贵的颜色，一般平民是不能任意使用的，在东南亚各国，黄色表示“超凡脱俗”的教义。

这个实例展示了马拉喀什的“塔斯台楼”的色彩效果。如图11–1所示，“塔斯台楼”是马拉喀什的一栋住宅兼工作室和画廊。在这里，拒绝了当地以丰富奢侈为特征的色彩时尚，取而代之的是追求非洲中部乡下色彩的野趣情调。墙面上采用了饱和的中黄涂料，在阳光的照射下，给人暖洋洋的心理情绪。在这种环境中，明丽的黄色使人联想到阳光和健康。

聪明的设计师在建筑物上大胆地使用了饱和的黄色。为了使如此鲜艳的色彩不给人单调的感觉，在墙面上结合了生动质朴的小窗以及墙体拐角处的棍条造型，使之增添了生动而富有变化的艺术趣味。

图11–1　马拉喀什的“塔斯台楼”使用黄色的墙面

图11–2　蓝色调的廊道空间

实例二　浪漫的情感在理智的蓝色中荡漾

对于蓝色，色彩学家们都将其归到冷色系列，而且是色彩中最冷的颜色。蓝色易引人遐想，它象征着广阔、遥远、高深和尊严。因此，蓝色往往以沉静、理智、冷淡、神圣的感情特征出现在世人面前。

如图11–2所示的廊道空间，建筑走廊以蓝色作为墙面的主调，在这里呈现了深沉的意境。设计师对光的用意十分巧妙：太阳射过褐色的木栅条在墙面上落下条形的光和影，使过分宁静的走廊产生了明度的转换。蓝色让如此理智的环境空间充满了浪漫的遐想！

实例三　冷暖色彩，内外交融

在现代的城市空间，我们深感围合界面带给我们的压抑。户内与户外的隔离、人与人的隔离、人与自然的隔离，使我们的时代产生了越来越多的屏障。如何在我们的设计中尽可能消除这些隔离，是越来越紧迫的要求。

如图11–3所示，这是一个让人赏心悦目的场所。设计师将外部一个平淡无奇的景园引入室内。傍晚时分，室内的灯光和建筑材质共同形成了一个暖色调的大厅，和室外自然环境中神秘的冷色调浑然一体。在色调上既是对比的，又是联系的，内外呼应的色彩让人和自然走得如此亲近。

图11–3　内外呼应的色彩让人和自然走得如此亲近

实例四　花园和花朵的点缀

在我们的居住环境中，植物花卉的色彩让我们的空间变得更加热情和富有诗意。

设计师在进行建筑配色时，要善于利用蓝天、绿树、青石、鲜花等来表现生态和自然。如图11–4所示，这是一幢别墅前的花朵所呈现的意境。别墅墙面上用了许多红色装饰条来追求变化，表现温馨，而庭院中红色的鲜花更增添了浪漫情调。

无声的色彩给予了我们心理上的暗示：主人是热爱生活的，同时也是热爱自然的。

克莱尔·安思伯瑞曾说过这样一句话：花园和花朵可以吸引人们走出家门，同时，也让人们和家人聚集在一起。既然如此，让多彩的鲜花将我们的环境装点得更加美丽吧！

图11–4　花园和花朵的点缀，植物的色彩让环境充满诗意

实例五　令人瞩目的原色对比

我们已经知道，红、黄、蓝是色相环上最极端的颜色，它们不能由别的颜色相互混合而产生，却可以混合出色相环上的所有其他颜色，这三种颜色称为三原色。红、黄、蓝表现出了最强烈的色相气质。它们之间的对比是所有色相之间最强烈的。

如图11–5所示，在安德鲁·阿尔弗里的卧室中，墙面是非常饱和的中国亚光乳胶漆，红色的沙发罩在室内形成了视觉焦点。太阳光从左侧窗户射进来，光斑给庄重的对比中带来了轻松的变化。地毯上的稍许蓝色和墙面大块的蓝色形成了呼应。在如此强烈的戏剧性色块中，任何人都会变得勇敢和自信。主人正是在这样的色彩气氛中得到精神上的满足！

图11-5　在安德鲁·阿尔弗里的卧室中，红、黄、蓝表现出了最强烈的色相气质

实例六　以色彩表现宗教的光环

如图11–6所示，圣索菲亚大教堂（Hagia Sophia）位于土耳其的君士坦丁堡，建于公元532~537年，最初是一座基督教堂，后被改建为清真寺，名为阿亚索菲亚（Ayasofya）。这座建筑物旁有四座伊斯兰尖塔附加其上。到了1935年，又被改为军事博物馆，名字也还原为圣索菲亚。

圣索菲亚大教堂内部空间最富有特色的是对色彩和光线的利用。屋顶穹顶下部开设了许多小窗户，斜射的阳光可以穿过窗户照到大殿中。穹顶天花选用了金色和少量蓝色做底色，天使和圣徒像用彩色玻璃马赛克镶嵌。金色在中世纪时期象征太阳、爱情、永恒、威严、智慧和忏悔，宗教中代表着主权者。蓝色是晴朗天空的颜色，象征着天国和神性，意味着无穷、信念、真实和贞操。穹顶下的墙面上以彩色大理石贴面，有白、绿、黑、红等颜色，交织在一起，构成各种图案。柱子以暗绿色为主，辅以深红色。绿色是大地的象征，意味着诞生、希望和丰收。而红色一方面象征着上帝的爱和基督的流血牺牲，另一方面又象征着世俗的罪恶。在柱头、柱身的交接处，镶嵌着金箔，地面上亦以马赛克镶嵌成图案，上下左右相互辉映，整个空间金碧辉煌，色彩琳琅满目，使每一个圣教徒都感受到宗教的神秘光环。

图11–6　色彩琳琅满目的圣索菲亚大教堂

实例七　简洁的白色，明了的风格

美国盖提艺术中心（图11–7）的设计师是理查德·迈耶（Richard Meier），现代建筑中白色派的重要代表。盖提艺术中心（Getty Center）是1984年开始规划设计的，它与东京国际论坛、西班牙的古根汉姆博物馆并称为20世纪90年代三大杰出建筑，是世界上收藏最丰富的私人博物馆。

盖提中心坐落于郊区的一个山丘的顶部，建筑组群呈浅灰白色调，随山丘起伏高低错落，简洁舒展，质朴文雅。迈耶以“顺应自然”的理论为基础，将他独特的个人风格与古典的材料（花岗石）相结合，表达出Getty Center扎根于过去，信仰于未来的建筑主题。白色是Getty Center贯穿始终的建筑主题，而中央花园的景观设计则利用植物绚丽的色彩，为建筑群提供色彩与质感的对比，丰富了整个环境的景观层次，愈发突显出白色的建筑群简洁明了的特性。

图11–7　盖提艺术中心以白色的建筑外观体现简洁明了的文化特性

实例八　红、黄、蓝的刺激

如图11–8所示，在法国巴黎蓬皮杜中心广场上的喷水池，用怪诞、新奇的雕塑与喷水相结合。这些雕塑大胆地使用了原色的搭配，红、黄、蓝色彩的互相衬托，使后现代的环境小品更增添了形式意趣，它们带给人们的是一种自由、狂欢般的喜剧气氛。

图11–8　红、黄、蓝色彩的互相衬托，使后现代的环境小品更增添了形式意趣

实例九　色彩象征功能的典范

法国巴黎蓬皮杜艺术中心（图11–9）是法国国立现代艺术博物馆，建成于1976年。外墙的彩色管道使其立面格外鲜艳夺目，充满着现代主义的强烈气息。管道分别采用红、绿、蓝三种鲜艳的色彩，代表不同的功用。红色代表电线管，绿色代表水管，蓝色代表通风管。由于彩色管道布满了墙面，故有人戏称其为“石化炼油厂”。

图11–9　法国巴黎蓬皮杜艺术中心

实例十　红色象征火热的艺术性情

在法国巴黎蒙马特区的达利博物馆（图11-10），室内走道墙壁与地面涂成深红色，恰当地表现了达利火热的艺术性情。所有观众到此均发表感慨：这种色彩代表了达利的超现实精神和狂热的情绪。

图11-10　巴黎蒙马特区达利博物馆的红色走道表现了达利火热的艺术性情

实例十一　灯光色彩打造神奇夜晚

如果雕塑配以合适的灯光色彩，那么设计师给人们创造出的即是一个生动和神奇的夜间效果。

正如图11-11所示，这是位于湖南省益阳市鹅羊池广场的一个标志性雕塑。夜间，水幻化成一面会反射的镜子，在它周围的物体都会被反射和照亮。这对于有喷水的雕塑来说，配以灯光装饰是最再好不过的方式了。该雕塑巧妙地避开了从正面直接照明，利用喷出的水的映衬，充分展现出其生动姿态、材质特征和立体美感。

图11-11　湖南省益阳市鹅羊池广场主题雕塑

实例十二　历史文化感浓郁的灰色

在色彩上，灰色是多种颜色的混合。它象征着高雅、理性、平静、含蓄。在建筑中，灰色的运用总能让人体会到中国传统建筑特有的意境。因此，灰色是许多建筑师常用的色彩。

如图11–12展示的是中国梅山文化园中的历史文化博物馆。这里曾经是梅王宫的所在地，当时梅王的肖像画就挂在梅王宫当中，供人祭祀和朝拜。现在，梅王的画像已经不存在了，建筑师们将其重新设计，作为中国梅山历史文化博物馆。

该博物馆的建筑材料以灰色石材为主。不规则的形态及明度不一的灰色，使墙面产生了斑驳的肌理。石材无疑是梅山地区文化特质的最佳诠释，它是梅山地区建筑的常用材料，就地取材体现了建筑的地域性与经济性。

图11–12　中国梅山文化园历史文化博物馆

参考文献

[1] 高履泰编译. 建筑色彩设计. 南昌：江西科学出版社，1983.

[2] 施淑文编著. 建筑环境色彩设计. 北京：中国建筑工业出版社，1991.

[3] 焦燕编著. 华怡图书策划中心策划. 建筑外观色彩的表现与设计. 北京：机械工业出版社，2003.

[4] 张宪荣，张萱编著. 设计色彩学. 北京：化学工业出版社，2003.

[5] 罗文媛. 建筑的色彩造型. 北京：中国建筑工业出版社，1995.

[6] 张为诚，沐小虎编著. 建筑色彩设计. 上海：同济大学出版社，2000.

[7] 张梅，梁军，卢岩编著. 色彩新设计，北京：化学工业出版社，2005.

[8] 阿恩海姆. 艺术与视知觉. 滕守尧，朱疆源译. 成都：四川人民出版社，1998.

[9]（英）朱迪斯・米勒. 装饰色彩. 李瑞君，茅蓓译. 北京：中国青年出版社，2002.

[10]（美）布拉德・密. 户外空间设计. 俞传飞译. 沈阳：辽宁科学技术出版社，2006.

[11] 邵龙，李桂文，朱逊主编. 室内空间环境设计原理. 北京：中国建筑工业出版社，2004.

[12] 彭一刚. 建筑空间组合论. 北京：中国建筑工业出版社，1998.

[13] 李莉婷编著. 色彩・构成・设计. 合肥：安徽美术出版社，1999.

[14] 张小鹭，戚跃春主编. 色彩构成. 长沙：湖南美术出版社，2004.

[15] 钟蜀珩主编. 色彩构成. 杭州：中国美术学院出版社，1994.

[16] 邓福星，李广元主编. 色彩艺术学. 哈尔滨：黑龙江美术出版社，2000.

[17]（德）爱娃・海勒. 色彩的文化. 吴彤译. 北京：中央编译出版社，2004.

[18] 何耀宗. 色彩基础. 台北：台湾乐大图书公司，1990.

[19] 林伟主编. 色彩构成及应用. 长沙：湖南大学出版社，2004.

[20] 阮长江编著. 现代住宅室内装饰设计大观. 南京：江苏科学技术出版社，1994.

[21]《国际装潢新潮丛书》联合编写组. 酒店・餐厅设计装潢新潮. 上海：上海科学普及出版社，香港：香港建筑与城市出版社有限公司，1998.

[22] 辛艺峰. 现代城市环境色彩设计方法的研究. 建筑学报，2004（3）.

[23] 中国建筑技术研究院. 城市住宅，2001（总第73）.

[24] 中国民间文艺家协会. 缤纷家居，2005（10）.

[25]（韩）建筑世界出版社编著. 办公空间. 邓庆坦，解希玲，俞香春等译. 济南：山东科学技术出版社，2004.

[26] DECO设计. 瑞丽家居. 2006（2）.

致　谢

经过几年的努力，这本《建筑色彩学》终于脱稿，90多位编委成员如释重负。因为，撰写这样一本教材，需要付出作者多少辛勤汗水！

从选题立项、资料收集、文字撰写到打印、校对、编排，都是作者们在繁忙的教学工作之余所做的努力。作为教材，它应该给人一个系统的、科学的、准确的知识体系，正因为如此，每位作者都以一种极其认真、严肃的学术态度从事编写工作。我们希望该书在设计类院校“建筑色彩”课程教学中发挥很好的作用。

在编写过程中，我们参考了国内外大量文献资料，能够记下的这些资料来源均在本书末尾的参考文献中注明，已示对这些文献作者的真诚谢意，因为没有他们在长期的色彩领域研究中所创造的成果，我们今天谈建筑色彩也就没有足够的理论支撑，其学术成果只会显得苍白而缺乏说服力。

为了寻找部分资料的版权所有者，我们想了很多办法，付出了很大的努力。但由于联系困难或工作疏忽而无意中被遗漏的有关人士，我们会继续争取与他们取得联系，并在以后的版本中再次表达对他们的谢意。在这里，还要感谢容许我们拍摄其建筑作品的业主们和容许我们使用其作品的设计师们。

编　者

2014.4